新潮新書

有馬哲夫
ARIMA Tetsuo

1949年の大東亜共栄圏

自主防衛への終わらざる戦い

573

新潮社

１９４９年の大東亜共栄圏　自主防衛への終わらざる戦い――目次

プロローグ――四枚の絵　7

第一章　敗れざる者たち――一枚目の絵　14
敗戦から四年たってなお中国で日本兵たちは戦っていた。
いち早く帰国した指揮官は、更に大きな作戦に着手する。

第二章　国民党の参謀となった大本営参謀――二枚目の絵　36
アジアから極秘帰国した元陸軍大佐・辻政信。
石原莞爾の理想を実現すべく、再び彼は工作に乗り出した。

第三章　国防再建と秘密機関――三枚目の絵　52
祖国を共産主義者から守るためには軍隊が必要だ。
総理大臣を目指す宇垣一成の下に大本営参謀たちが集結する。

第四章　国粋主義者たちの祖国再建——四枚目の絵　*81*

数々の秘密工作に関与してきた児玉誉士夫。
自らの潤沢な資金を背景に天皇制保持のための戦いを開始した。

第五章　「国際義勇軍」と警察予備隊——大きな絵　*102*

山西残留軍救出のために台湾の国民党を支援せよ。
その動きは壮大な反共のための参謀団、義勇軍へとつながっていく。

第六章　宇垣派を分裂させた朝鮮戦争——分かれていく絵　*148*

マッカーサーの命令で警察予備隊が発足。
再軍備が現実化する一方で、吉田茂は旧軍人たちの力を殺いでいった。

第七章　遠ざかっていく自立自衛——絵にならなかった絵　171
日本が完全な独立国となるには強大な国防軍が必要だ。
大本営参謀たちのこの構想をアメリカは認めなかった。

第八章　しのびよる戦後——フェードアウトする絵　199
秘密機関が解体される中、児玉は孤独な戦いを続ける。
しかし、政治家たちの思惑はもはや別のところにあった。

エピローグ——未完の自立自衛　229

あとがき　232

注釈　235　　参考・引用文献　245

プロローグ——四枚の絵

一九四九年「日本軍」はまだ戦っていた

終戦から四年経とうとしている一九四九年（昭和二四年〔以下、西暦一九九九年以前は末尾の二桁のみ記す〕）三月、元独立歩兵第一四旅団長・元泉馨《もといずみかおる》と元独立混成第三旅団高級参謀・今村方策《いまむらほうさく》が指揮する「特務団」は、中国の山西省にあって中国共産党軍と絶望的な戦いを続けていた。

終戦まもなくのころは約一万五〇〇〇人いたとされる「特務団」は、櫛の歯が欠けるように数を減らし、この当時は一六〇〇人ほどになっていた。

彼らは日本軍ではなかった。日本がポツダム宣言を受諾し、戦闘をやめ、武装解除し、相手方に降伏した以上、もはや国際法上日本軍ではなくなっていた。

当人たちは、天皇が戦いを止めるよう命じたことを知りつつも、日本軍として祖国のために戦っているという認識を持っていた。彼らは便宜上「特務団」と呼ばれていた。

このような不思議な状況が生まれたのにはわけがあった。山西にあった第一軍の司令官は澄田賚《すみた》四郎《らいしろう》中将だったが、終戦と降伏によって現地司令官の権限はなくなっていた。日本軍の降伏を受け入れ、武装解除する受降司令官として国民党が送ってきたのは、もともとこの地の軍閥だった閻錫山《えんしゃくざん》だった。

閻は日本軍を山西に留まらせて自分の軍隊に編入することを画策した。日本軍は優秀だということもあるが、共産党軍との戦いで自分の兵を失いたくなかったこともあった。閻は戦争犯罪容疑者に指名された澄田に対して、現地に洋館を与え、形ばかりの監禁を行った。このように澄田を現地に留めておけば、部下の兵たちは彼を見捨てて帰れないだろうという計算があった。

澄田が戦犯容疑者に指定されてからは、残留軍全体の指揮官の役目は参謀長の山岡道武少将に移った。ところが、その山岡は、前年の四八年五月に残留兵救出のための「義勇軍」を募るとして帰国してしまった。「義勇軍」とは、民間の有志を集めた軍隊であり、国家による正規軍とは異なる、いわば非正規の武装集団である。

残留兵たちは、元泉や今村ら上官に、半ば命令のように残留するように言われるし、部隊のうち何人か残留しなければ他の多くの者も日本に帰国できないとも聞かされた。また、「司令官殿」の澄田がまだ残っていることもあって、自分たちも踏みとどまって戦いを続けなければなるまいと思っていた。こうして山西の「特務団」は、帰るに帰れず、現地に留まることになった。

四九年の日本の状況

日本本土ではまったく事情が違っていた。終戦後混乱を極めた日本の社会は四九年になると、それなりに落ち着き始めていた。他国の軍隊に国を占領されるということを初めて体験した日本人も、四年もたつとその現実になんとか折り合いをつけていた。占領軍による急激な社会改革は彼らを戸惑わせ、困らせ、怒らせたが、しょせん日本は戦争に負けたのだからと、受け入れるようになっていたのである。

一方で、あまり表面に出てこなかったが、前年あたりからGHQの占領政策にある転換が起こっていた。

当初、GHQは日本の「民主化」をかなり急進的に進めていた。ニューディーラーと呼ばれる社会主義的思想の持ち主たちが主導権を握っていたからだ。彼らは軍閥打倒、財閥解体、指導者追放によって日本を「民主化」するという占領政策を進めた。

ところが、四七年に共産主義との対決姿勢を表明したトルーマン・ドクトリンが打ち出されて以後、GHQ全体としては、それまでとは全く正反対の軍閥利用、財閥再生、指導者の追放解除によって日本の「経済的自立」と共産主義に対する防波堤化を目指す方向に舵を切った。そして翌年の四八年ころには、日本人左翼分子どころか、GHQ内の共産主義者と疑われる将校たちまでもパージするようになった。これがいわゆる占領政策の「逆コース」である。

日本の政治も、吉田茂率いる保守系自由党が、前回の四八年一〇月一五日の総選挙に続いて四九年の二月一六日の総選挙でも勝利し、革新から保守回帰への流れが定着し始めていた。それまで威勢を誇っていた戦闘的組合運動や社会改革者や共産主義者が勢いを失い、「逆コース」によって、むしろ抑圧される側に回っていった。

同年の夏になると下山事件、三鷹事件、松川事件と国鉄の労働組合がらみの怪事件が続けて起こり、GHQで秘密工作を行ったとされるキャノン機関の関与が取りざたされた。革新的労働運動とそれに対する反動が交錯していた。

とはいえ、総じて日本は戦後の安定の方向に向かっていたといえる。

そんな四九年の二月、山西省に残留している「特務団」を救出する動きを、旧日本軍で指導的な役割を果たした高級将校たちが日本で起こしていた。彼らは、それまでいわば別々の四枚の絵の中にいたが、互いに引き寄せられて大きな一枚に絵になっていく。それにつれて、彼らの動きもまた互いに結びつきあい一連の流れになっていく。

この流れの中で、それぞれの動きは、中国での国共内戦における共産党軍の勝利、国民党の台湾防衛、旧日本軍人による「義勇軍」派遣、朝鮮戦争の勃発、警察予備隊の発足、サンフランシスコ講和条約締結、占領終結、朝鮮戦争の停戦、日本の再軍備へと連鎖していった。

本書はこれらの絵が集まり、大きな絵となり、彼らの別々の動きが一つになり、しばらくのち、また分かれていく過程を描くことで、日本と東アジアの戦後史をこれまでとはちがった角度から照らし出してみたい。それによってその絵の中で浮かび上がってくる敗将たちの「終わらざる戦い」の詳細をつまびらかにしていきたい。まずは、大きな絵になる前の一枚一枚の絵を見ることから始めよう。

一枚目の絵の主人公は、澄田睞四郎と元陸軍大将・岡村寧次である。大陸で戦っていた彼らは、ある使命を持って帰国する。それについては第一章で述べる。

二枚目の絵の主人公は、元陸軍大佐・辻政信。戦後、戦犯として裁かれることから逃れた彼は、極秘で帰国。その後、逮捕の怖れがなくなってからは大っぴらに活動を始める。その思想と活動については第二章で紹介する。

三枚目の絵の主人公は、元陸軍大将・宇垣一成および元陸軍中将・河辺虎四郎、元陸軍中将・有末精三、元陸軍大佐・服部卓四郎。彼らは戦後、宇垣のもとで秘密機関を作り、戦後日本に新たな国防軍を創ろうとしていた。これについては第三章で述べる。

四枚目の絵の主人公は、児玉誉士夫。戦時中に児玉機関のトップとして海軍航空本部のためにタングステンなどの物資調達に辣腕を振るった彼は、戦後は物資調達によって蓄えた巨額の資産から鳩山一郎に自由党の創設資金を提供し、自由党やそのあとの自由民主党の領袖たちに大きな影響力を及ぼした。その彼がどのような思想をもとに、戦後の秘密工作に関与していたのかについては第四章で述べる。

これら四枚の絵は、一枚の大きな絵になっていく。人物たちの動きも、自衛隊を生み出し、東アジアの戦後史を動かしていくような大きな動きに成長していく。第五章以降では、その様を見ていくこととする。

しかし、その前に、一枚一枚の絵がどのように生まれたのか、旧日本軍人たちはどう登場してきたのか、時間を終戦直後までさかのぼってみる。そして、そのあと大きな絵になったものを詳しく見ていこう。

（なお、本書では筆者がアメリカ国立第二公文書館で調査したCIA文書を多く引用している。この文書はアメリカの情報公開法によってCIAが公開した文書で、その中味はCIC（防諜隊、保安を担当したG－2の下にあった組織）、CIS（民間情報局）、OSI（空軍情報局）、CIA（中央情報局）などが作成した文書である。

また、引用文中の漢字等は読みやすさを考えて、表記を一部改めた）

第一章　敗れざる者たち——一枚目の絵

四五年八月一五日山西省

澄田睞四郎は山西省中原の司令部で八月一五日の玉音放送を聴いた。その様子を回顧録に次のように書いている。

八月一五日、軍司令部の後庭に司令部所属の将兵全員を集めて、倶に天皇親らの放送を聞く。ここに、数年前東條（英機）陸相に対するささやかな反問が箴となり、日本は無条件降伏、聴きつつ涙滂沱として尽きず、一瞬、祖国近代復興の跡を偲び、今後の運命を憂いると共に、果ては自分の身辺に及んで、降伏、俘虜、戦犯などと、いまわしい文句が、次から次へと、走馬燈の如く脳裏にひらめいた。(1)

このあと、澄田は軍人としていかに栄達を遂げてこのときに至ったかを振り返っている。そして、五頁の長きにわたって、日清・日露戦争以来の日本軍の来し方を振り返り、ロシア、その後継国のソ連がどれほど侵略的であったか、どれほど日本にとって脅威だったかを述べている。終戦の日に自分がこうして山西省にあるのは、要するに日本がロシア・ソ連の膨張主義に対抗していった結果であるとほのめかしながら。

澄田の第一軍は、八月一五日をもって武装解除することはなかった。軍としての統制も保っていたし、戦闘を交える準備さえしていた。ただし、その相手は国民党軍ではなく、中国共産党軍だった。

国民党軍が来るまで共産党軍と戦え

支那派遣軍の総司令官である岡村寧次が八月一五日以降中国および台湾各地の司令官に発した命令は、国民党軍に降伏し、武装解除したのち、帰国せよというものだった。

ところが、日本軍の降伏を受け入れる国民党軍の将軍たちは、現地にはいなかった。彼らの多くは重慶など中国南部に拠点をおいていた。そのため、日本軍のいる現地に到着するまで時間がかかったのだ。岡村は、国民党軍の将軍が現地に到着するまでは、降伏せず、共産党軍やソ連が来て国民党軍への降伏を妨げるならば、これを撃退せよとも命じていた。国際法では降伏するときは現地で戦っている相手に降伏することになっていた。これにしたがえば、現地に共産党軍がいるなら、澄田は彼らに降伏しなければならなかった。だが、そうしなかった。

降伏するのは天皇の命令であるが、共産党軍に降伏し、武器や資産を渡したのでは、共産党軍を強め、その勢力伸張に手を貸すことになってしまう。同じ敵でも、国民党軍はいいが、共産党軍では困るのだ。

岡村など中国戦線で闘った高級将校の多くにとって、共産党軍とは中国を代表する軍隊ではなかった。彼らは共産党軍やそれと関係したゲリラを「匪賊」と呼んできた。共産党軍は、軍規が厳しく、敵（日本軍、国民党軍）に対する扱いも悪くはなかったといわれるが、日本軍は彼らを中国人民というよりソ連の手先と見ていた。日本軍人の認識では、国民党が中国であって、共産党はソ連なのだ。日本軍はソ連や欧米の支配からアジアを解き放ち大東亜共栄圏を作るという大義のもとに戦ってきたのだ。

それにソ連は日ソ中立条約を一方的に破棄して満州に侵攻し、略奪、暴行、強姦、殺人など悪逆非道の限りを尽くした。それは、満州にいた日本人居留者たちを守るべき立場にあった日本軍人たちの心をもっとも責め苛《さいな》んだことだった。

このような認識だから、降伏し、武器や資産を渡す相手は、共産党軍ではなく国民党軍でなければならなかった。また、自分たちの降伏が共産党軍の有利に、国民党軍の不利に働くことがあってはならないと思っていた。

だから岡村は澄田たち中国戦線の司令官たちに、国民党軍の将軍が現地に到着するまでは、武装解除せず、軍の組織をそのまま維持し、必要とあらば、共産党軍と一戦交えよと命じたのだ。

閻錫山と山西モンロー主義

八月下旬になって国民党は山西省に送る受降司令官を決めた。岡村や澄田などの予想通りそれは閻錫山だった。予想通りというのは、そもそも閻は袁世凱《えんせいがい》が清朝にとってかわったころから山西省を拠点としていた軍閥だったからだ。袁世凱なきあとは蔣介石《しょうかいせき》の国民党の傘下に入るが、そのあともなお山西独立国の王として振る舞った。

しかも、閻は日本の陸軍士官学校出身でなおかつ岡村の教え子だった。日本びいきで日本信仰が強いところは、国民党の将軍の中でも飛び抜けていた。

山西省は石炭や鉄など鉱産物が豊富にあり、農産物にも恵まれているので、閻はここで日本に倣って殖産興業を行い、産業育成にも力を入れた。彼はこの地域を他の中国の地域とは異なる独立国にすることを考えた。だから、他の地域はそっちのけで、この地域だけ大切にした。これは山西モンロー主義と呼ばれる。

満州事変のあと、日本軍がこの地にやってきたとき、日本軍は工作を行った。対共産党軍との戦いにおいて日本軍と閻の軍が協力するということだ。閻は無傷のまま工業施設を引き渡し、戦わずして自軍を撤退させる。そして、代わりに入ってきた日本軍はもっぱら共産党軍とだけ戦い、閻の軍は攻撃しなかった。これによって閻は山西から退いたが、軍は温存できたのだ。このような過去があるので、閻が受降司令官としてやってくるのは予想がついていたし、また日本軍関係者も望ましいと思っていたのだ。

閻を饗応した澄田

閻は九月になってようやく山西にやってきた。他の国民党の将軍と違ってそれほど遠いところにいたわけではないのだが、共産党軍と衝突するのを恐れたのだ。それほど閻の軍は弱体だった。澄田は閻と今後のことを話し合うために、宴の席を設けた。澄田自身、敗軍の将が相手を宴席に招いて会談するということは稀《まれ》なことだといっている。閻はその席で次のように述べたという。

日本は、天運に恵まれず、時の勢いで、不幸敗戦国となったが、依然亜細亜の先進国であることには、寸毫も変わりはない。後進国である中国は、今後も、飽くまで日本の協力と援助とを必要とする。(2)

そして、このような二人の会見には「戦勝受降の将軍と敗戦虜囚の一将との会見の雰囲気など、微塵も看守されなかった」という。

澄田は安堵の胸をなでおろした。閻の態度はきわめて好意的なので、現地の日本軍と日本人居留民を無事日本に帰還させられると彼は考えた。かつ、彼の頭の中にあった降伏、俘虜、戦犯の心配からも解放された。

それまで、彼は現地にあって人々に崇め奉られていた。その彼が、現地軍や現地の日本人居留民や中国人の見ている前で、降伏文書署名の儀式を行い、そのあと虜囚となり、戦犯として裁かれるのは、耐え難い屈辱だった。前の引用でも見たように、玉音放送を聞いて彼の頭をよぎったのは、そのような自分の姿をさらしたくないという思いだった。

しかしながら、いかに閻の扱いが友好的であっても、この時から澄田の第一軍は国民党軍に降伏したことになる。そして、澄田も閻にしたがわなければならなくなった。

厄介なのは、引用からも察せられるように、この閻が強く澄田たちに「協力」を求めたことだ。「協力」と言葉は穏やかだが、実際には、現地日本軍を武装解除せずそのまま残し、自分とともに共産党軍と戦えという強制だった。

閻はまず澄田に太原（山西省の省都）周辺にいる日本軍に治安維持に当たってもらうことを要請した。澄田は、これは日本の軍民のためにもなると受け入れた。

すると閻は、日本軍をして閻の軍に編入するよう申し入れてきた。澄田はさすがにこれは「天皇の軍隊を司令官の意思で閻の軍とするわけにはいかない」と拒絶した。

そこで、閻は一計を案じた。部下の梁縦武《りょうえんぶ》に命じて、閻の軍と日本軍の中の志願兵からなる「合謀社」を設立させ、この中で閻の軍と日本兵が協力することにした。そして、その社長には梁、総顧問には澄田、副総顧問には残留軍全体の指揮官の役目を務めていた山岡道武少将が就いた。

彼らはこの「合謀社」を作るときに次のことで合意した。

1. 日本軍は、閻錫山軍に参加を志願する兵士を調査し、「現地除隊」の形で除隊させる。そして除隊した個人を閻軍が採用するという方式で日本人の軍隊を作り、閻軍の指揮系統に入れる。

2. 閻軍に参加する日本兵は優遇する。

3. 日本軍の主力が復員帰国する前に、閻軍の訓練を行う。(3)

澄田はこの「合謀社」の総顧問になり、格別の待遇を受けた。戦犯の容疑者であるにもかかわらず、「もと独逸人技師のために建てたという立派な家、外出の際は乗用車が提供され生活には何ら不自由もなく、俘囚の苦情など味わうことが一日もなかった」という。(4)

祖国再興のために山西に残留せよ

問題を複雑にしたのは、閻の誘いがなくても、自ら志願して共産党軍から山西を守ろうとする高級将校が複数いたことだ。澄田に次ぐナンバー2の参謀長・山岡道武、情報参謀・岩田清一がその急先鋒だった。山西省の国民党政府の政治顧問補佐官だった城野宏は、『山西独立戦記』の中で、山岡や岩田と次のような議論をしたとしている。

「この大戦が終わったら、中国は戦勝国として世界の大国になる。アジアではこれまでの日本に代って、指導的な力になるに違いない。だから、中国に、将来を見通す人物がいて、日本をアジアから消滅して、アジア自身の力を極度に弱めるという愚を犯さないという気があるなら、中国の支援の下に、日本軍の勢力を保存して、日本再起の機会をまつことは不可能ではあるまい（中略）」

「ドイツ、日本、イタリーが敗れ、しばらくは身動きがつかなくなるが、この戦争で英、仏はかなり弱ってしまうに違いないから、どうしても米ソの対立が中心になる。（中略）そうした体制下に、中国がアジア勢力の結集をはかろうとするなら、日本をアメリカやソ連の属国状態に止めるのには反対であるにちがいない。それなら、米ソ衝突の間を利用して、日本の急速な独立と再起の機会がつかめるはずだ」

「それまでの間を、うまくもっていくには、戦争で破壊された経済の再建をやらねばなら

ぬ。そのための燃料と原料材を、山西から供給できるようにしようではないか」(5)

要するに、閻とともに共産党軍を退け、山西を独立国とし、そこから燃料（石炭）と鉄を供給することで、日本再建の一助としようということだ。そのあと、米ソ対立の間隙をぬって、日本と中国はアジア勢力を結集して、どちらでもない第三極を形成しなければならないというのだ。かなり身勝手な考えだということは否めないが、敗戦のあとにもかかわらず気宇壮大だともいえる。

彼らがこのように考えたのは、この地に河本大作がいたこととも関係がある。河本は、二八年南満州鉄道上で軍閥張作霖《ちょうさくりん》を爆殺した首謀者とされる。この事件を起こしたことによって、昭和天皇の逆鱗に触れ、陸軍を追われたあと、この地にやってきて資源総合商社山西産業の社長になっていた。

これは山西省の豊富な資源およびそれを使った製品を日本に送るための一大国策会社だった。この会社を失いたくない河本も山岡たちと同じ考えを持っていた。

つまり、日本の敗戦のあとも山西に残留し、閻とともに共産党軍と戦い、それを守り抜いたのちは親日的な山西独立国を打ち立て、そこから日本に資源を供給して祖国再生を図り、再生がなったときは大陸進出の拠点にしようということだ。

イデオロギーは大アジア主義

ここで注意しなければならないことは、これら残留兵士が持っていたイデオロギーだ。彼らは、単に共産主義が嫌いだから、共産党軍と戦うのではない。戦前・戦中の日本の軍人、特に中国に派遣された日本陸軍の高級将校たちは、欧米列強とソ連からアジアを解放し、アジア人のためのアジアを作ることを目指していた。つまり、欧米でもなく、ソ連（スラブ）でもない「第三極としてのアジア」だ。日本がアメリカに占領され、中国が共産党に支配され、それぞれアメリカとソ連の衛星国となることは、彼らが目指した欧米でもソ連でもない独立した第三極としてのアジアが消滅することを意味する。

それでは、明治以来アジアのリーダーとして日本が掲げてきた欧米ロシアの支配から脱して、アジア人のためのアジアを作るという大義の旗を降ろすことになる。このあと、本書に登場する旧日本軍人も、それぞれ異なる主張をするものの、この点、即ち第三極としてのアジアを作るということに関しては、ほぼ同じように考えていた。

山岡らは敗戦を知ったのち、特に閣の意向を知ってからは、盛んにこの考えを下士官や兵士に説いた。今や日本兵たちに命令する立場にある閻も、彼の利己的な理由から、同じことを説いた。ゆえに、これに応じる者がかなりでてきた。

「特務団」を根本が承認した

こうして終戦時およそ六万人いたとされる澄田指揮下の将兵は、四五年の秋ころから残留派と帰国派に分かれ、互いに争うようになった。残留派はこの年の末には約一万五〇〇〇人の「特務団」を作る計画を実行に移した。残留派の高級将校たちは部下に対しておよそこのように説いた。

閻の軍は弱体で、日本軍の援助が必要なので、日本人将兵をすべて帰国させるつもりはない。したがって、各部隊で一定の割合で残留者を出さないと、部隊全体が帰国できないことになる。だから、残留を志願してくれ。

つまり、他のみんなを帰すために犠牲になって欲しいというのだ。この説得に応じて、一定数の志願者が集まり特務団の編成が進んでいった。この間、澄田は残留を勧めることも、やめるよう説くこともしなかった。おそらく、彼はこう考えていたのだろう。

閻に降伏した以上、自分はもはや司令官ではない。自分には権限がなく、山岡や城野が軍民に残留を働きかけるのを止めることはできない。ましてや、彼らは形としては、志願者を募っているのであって、軍隊式の絶対服従を強いているわけではない。それに、日本軍のままではなく、「合謀社」という組織のもとに再編された「特務団」ということになっている。

注目すべきは、城野が『山西独立戦記』の中で、山岡が四六年の一月に北京まで出向き「特務団」結成について「北支那方面軍指令部の了解をとってきた」と書いていることだ。といっても、最初この軍司令部は「天皇の命令は復員にある。それにそむいてはけしからん」と反対したという。だが、しばらくのちには「中国側がそういう（残留せよ）のを敗者たる日本軍が拒否もできぬから、しかたあるまい」ということになったということだ。(6)

当時、駐蒙軍司令官兼北支那方面軍司令官の地位にあったのは根本博陸軍中将だった。つまり、根本は北支那軍司令部のトップとして、このとき山岡たちの「特務団」に承認を与えた責任があるのだ。あとで詳しく見るが、このことが根本をして「義勇軍」の動きを起こさせる一因となったとみられる。

ちなみに、この根本は、四五年八月一五日の玉音放送ののちも、即時降伏を迫るソ連軍に屈服せず、むしろこれと戦を交えて撃退しつつ、彼の軍区である内蒙古地域にいたおよそ四万人の日本人居留民を無事山西の太原経由で南京まで移送し、そこから海路帰国させた「軍功」がある。日本が戦争に負けたのだから、あとは野となれ山となれと考えるのではなく、敗戦ののちもすべきことがあり、あるべき姿があると信じる点では、根本には山岡たちと共通する部分があった。

宮崎舜一「特務団」解散を命令

四六年一月一〇日国共内戦の「停戦協定」が結ばれ、これを実現するために国民党、共産党、アメリカの三者の代表からなる「三者委員会」が設けられた。この「三者委員会」が二月に軍事衝突危険地域とされた山西に視察にいったところ、そこで元泉馨少将率いる独立歩兵一四旅団兵士六〇〇〇名（この当時）が共産党軍と本格的な戦闘を繰り広げているのをみて目をむいた。(7)

「三者委員会」はこれを問題にしたが、南京にいた岡村もこれを大いに問題視した。そしてただちに「特務団」に戦闘を止めるよう命ずることにした。つまり、支那派遣軍全体の元総司令官として、根本が山岡たちに与えた了承を覆したのだ。そして、岡村は部下の宮崎舜市中佐（元支那派遣軍総司令部作戦主任参謀）を山西に派遣した。四六年三月九日、宮崎は太原に到着し、山岡を叱責して、部下をただちに帰国させるよう迫った。しかし、山岡は、降伏後は閻にしたがうことになっているが、閻が元日本兵の残留を望んでいて、日本の将兵を一定数残さないと、他の者も返してもらえないのでどうしようもない、と言い返した。

そこで、宮崎は山岡たちの反対を押し切って閻に直談判し、国民党総司令・何応欽《かおうきん》の三基本訓令にしたがって日本人を帰国させるよう要求した。三つの訓令はいずれも二ヶ月ほど前に閻の元に届いているはずのものだった。

1.（四六年）一月一四日までに日本軍全部隊の武装を解除する（一月一〇日付）
2.日本軍民の輸送を開始する（一月一一日付）
3.日本軍民の強制留用を解除する（一月二〇日付）(8)

閻はそのような訓令など受け取っていないとうそぶくので、宮崎は実際の訓令書を閻に見せた。それを見てもなお閻は「そういう指令が出ているのなら、軍民の輸送は自分に任せて欲しい」と含みのある答えをした。宮崎は南京から閻の振る舞いを見守っているると言い残してその場を去った。

次に宮崎は河本にも説得を試みた。残留派の背後には閻の他にも河本もいると思ったからだろう。河本も、「日本が負けたからといって、山西産業を捨てていくわけにはいかない。いろいろな産品を輸出できるのは山西省くらいしかない。自分は日本の復興に山西の豊かな資源を役立てるために残りたい」といった趣旨のことを宮崎に述べた。(9)

宮崎は南京へ戻った後も、元泉や情報参謀の岩田清一を北京に召喚する電報を送ってきた。残留派でも最も戦闘的なこの二人を切り離せば、山西の日本将兵たちも少しは熱がさめると思ったのだろう。だが、彼らは、度重ねて発せられたこの命令に、「閻が許可しない」といったり、自分たち自身行方をくらましたりしてついに応じなかった。

総崩れとなった「特務団」

宮崎の山西視察は、国民党もアメリカも支那派遣軍全体の元総司令官である岡村も、決して山西の「特務団」を是としていないことを現地の日本の将兵や居留民に知らしめた。そして、閻も日本の軍民の鉄道輸送を開始せざるを得なくなった。これによって大量の帰還希望者がでてきたため「特務団」は総崩れとなった。

　厚生省の引揚援護局が五六年に作成した「山西軍参加者の行動の概況について」では、四六年三月一〇日の時点で閻軍に参加を表明していた日本軍兵士は五九一六人いたが、四六年秋に鉄道輸送が始まってからは二五六三名になったとされている。(10)やはり、それまで「特務団」に志願を表明していた兵士の過半数の本音も一日も早く帰国したいというものだった。だが、逆にいうと、それでもなお残留して日本再建の礎となりたいと心から願う兵士が四割もいたことになる。

　興味深いのは、現地の旧日本軍幹部が元日本兵に残留を呼びかけるだけではなく、同時に、本国に義勇軍を送るよう要請する動きも起こしていたことだ。張宏波・明治学院大学准教授によると、四六年には、中国にある日本人経営の企業が金を出して、元山西省顧問である甲斐政治と元海軍中尉・三上卓への連絡を手配したという。また、四七年には「閻錫山援助運動」も展開されて、当時の片山哲総理大臣への働きかけも行われたこともあった。だが、国が協力するということにはならなかった。(11)

　このように四七年の段階では、日本から義勇軍を派遣することを求める動きがあったものの、結局志願者は集まらなかった。そのため残留軍の兵力は低下の一途を辿った。

それでも彼らは、援軍がないままこの後も三年にわたって共産党軍と凄惨な戦いをすることになる。

山西残留救出の動きに三上卓が関わっていたことは興味深い。彼は五・一五事件で犬養毅を射殺したグループのリーダーで、この事件のあと児玉誉士夫などとともに国粋主義的運動に携わっていた。実は戦後も彼は児玉たちと活発に活動していた。このことはあとで重要になってくる。

四年目の冬

山西での戦いが始まってから四年目の四九年二月九日、「特務団」が残留している山西省の太原飛行場に一機のアメリカ軍機が舞い降りた。澄田は著書『私のあしあと』で、これは故障したアメリカ軍機が急遽《きゅうきょ》立ち寄ることになったのだと説明している。だが、実際は、澄田救出のためにアメリカ軍が差し向けたものであった。(12)現地総司令官閻錫山は、これに先立つ四九年一月下旬に澄田におよそこのようにいったという。

戦犯の上海移送を契機として、裁判権が、中央政府に移った今日、自分（閻）が判決を確定することはできない。さりとて中央政府はあってなきが如き現状では君（澄田）の戦犯問題に関し、適時、その指令を仰ぐことも、到底不可能である。（中略）自分が全責任を負って、君を不起訴にすることに決めた。(13)

澄田は躊躇《ちゅうちょ》せずアメリカ軍機に乗って太原を脱出した。アメリカ軍が飛行機を差し向けたということはアメリカと国民党のあいだで合意があって彼を救出に来たということだ。共産党軍は国民党を支持するアメリカにとっても敵対勢力なので、アメリカと国民党の間に合意があってもおかしくはない。彼はそう思った。

澄田は二月一二日、副官の元陸軍少尉岡野克己とともに太原飛行場から青島まで飛び、そこから更に上海に飛んだのち、二月一七日に日本への帰還船プレジデント・クーリッジ号に乗った。横浜港へ着いたのは、二月二〇日のことだった。

急に帰国が許されたのは澄田だけではない。この少し前、同年一月二六日、戦犯容疑者として獄にあった岡村も南京の戦争犯罪裁判の法廷に引き出されていた。岡村は収監されるまでは、中国および台湾とヴェトナムに残留している全ての日本人の軍人と民間人を帰還させる残務の総責任者だった。この激務により彼の体は結核に蝕まれていた。

南京の法廷では、ほとんど審議らしい審議もしないまま岡村に無罪が宣告された。岡村の無罪を強く主張したのは、当時国防部長の何応欽と総司令部第二処長の曹士澂《そうしちょう》だった。曹はのちに中華民国駐日代表部第一処長として日本にやってきて、旧日本軍高級将校と蔣介石との間の重要な連絡役になる。

岡村は、無罪宣告のすぐあと、国民党によって上海に送られた。そこから二月三日、帰還船ジョン・W・ウィークス号に乗って日本へ向った。(14)

G－2が二人を迎え入れた

二月四日、岡村は旧日本軍関係者やGHQ幹部の見守るなか、船のタラップを降りてきた。そのときG－2のトップ、チャールズ・ウィロビーの特別の計らいで、占領中にもかかわらず近くのポールに日章旗が掲げられたという。G－2とは占領軍にあって保安とインテリジェンスとカウンター・インテリジェンス（スパイ対策等）を担当した部局だ。

岡村は、簡単な帰国、復員の手続きを終えると、東京の若松町にある第一国立病院に入院した。最初にその病室を訪れたのはATST（GHQの翻訳、通訳部門）所属でウィロビーの連絡係を務めていたH・L・カイン大佐だった。

このカインが書いた報告書によれば、彼は岡村に「計画を実行する意思に変わりはないか」と尋ねた。岡村は「共産党軍に軍事的に立ち向かえるのは日本人しかいない。だから、計画は実行する」と答えた。

岡村の「計画」とは、あとでまた詳しく述べるが、日本で「義勇軍」を募り、国民党支援のために中国に送ることだった。そうすれば、山西その他の中国の地域に残留している日本兵を救い、かつ共産主義の伸張を食い止めることができると考えたのである。

この返事を受けて、カインは「追ってマッカーサーから連絡があるので、それを待つように」と言い残して、その場を去った。そのあと、日本人として初めて岡村を病室に見舞ったのは、終戦時大本営陸軍部参謀本部第二部長の地位にあった有末精三だった。(15)この当時の有末は、対共産圏インテリジェンスと秘密工作を行う有末機関を運営していた。

本書には、さまざまな「機関」が登場する。これらは旧日本軍高級将校や旧特務機関員らがそれぞれの目的を達成するために作った秘密組織で、人員の規模や資金源やアジトの有無などはまちまちであった。目的も、物資調達、人員輸送、共産圏からの帰還兵の監視、治安維持軍の計画、国防軍の編成などさまざまであったが、全体として日本を共産主義の脅威から守り、やがては日本を再軍備・独立させることを目標としていた。

あとで起こったことを総合すると、彼は岡村を見舞うというより、有末機関の機関長として岡村と「計画」について相談するために訪れたということがわかる。実は、この当時の有末機関は、戦後旧日本軍人が作ったさまざまな機関の連合体である宇垣機関の中核的機関だった。そして、それは連合体全体の総帥である宇垣一成元陸軍大将の「計画」を他の秘密機関とともに進めていた。

宇垣の「計画」とは、これもまたあとで詳しく述べるが、「国際義勇新軍」を作り、これをアメリカ軍や国民党軍やその他のアジアの国々の国防軍と合同させるというものだった。

岡村の「計画」と宇垣の「計画」は多少性質を異にするが、親和性が極めて高く、前者は後者の序曲となるべきものだった。有末の見舞いのあとしばらくして、遅れて日本に帰還した澄田が岡村に会いにきたが、話の内容は岡村と澄田の「計画」だった。

このために岡村はＧＨＱの特別の計らいで結核の特効薬ストレプトマイシンを与えられ、徐々に体力を回復していく。

第二章　国民党の参謀となった大本営参謀――二枚目の絵

辻政信の八月一五日

山西特務団のように残留して共産党軍と戦いを余儀なくされることはなかったが、情報提供や暗号解読や作戦立案などのため戦後も「留用」された旧日本軍将校は中国大陸に数多くいた。

「留用」とは戦争終結後も日本に帰還せず、国民党軍や共産党軍のために働くことをいう。ほとんどは強制か半強制だった。ポツダム宣言は、日本軍は現地で武装解除したのち、兵士たちはみな日本に帰還することを定めていたが、必ずしも守られていなかった。

この「留用」組の中で、岡村の「計画」と関わってくるのは元陸軍大佐でノモンハンの戦いを指揮したことがある辻政信だった。そこで、辻がどのように戦後を迎え、どのように国民党に留用されるようになったかを見ていこう。

辻は玉音放送をタイのバンコックの日本軍司令室で聞いた。その模様を自著『潜行三千里』で次のように書いている。

すべてはかくして終わった。司令部の地下室に将も兵も無言のまま皆うなだれている。とだえとだえに初めて聞く陛下の御声、（中略）列中からすすり泣きの声が起こった。申し訳がない。……万死も償い得ない罪を犯した。腹かき切ってお詫びするのが武士道である。無条件に武装を解き、連合軍の命に従うことが陛下の御心である。臣子の本分がある。信を再び中外に失うようないかなる行動も大御心ではない。

腸《はらわた》を千々に裂かれるような苦悶の後、一人で大陸に潜り、仏の道を通じて日タイ永遠のくさびになろうと決意した。(16)

辻は悩み抜いたあと、陛下の御心にしたがって、武装解除し連合軍に降伏することを受け入れた。ただし、自分自身は連合軍に身柄を預けることはせず、仏僧となり、日タイ友好のために身をささげるという。

玉音放送で天皇が命じたのは、ポツダム宣言を受諾して敗戦を受け入れよということだ。この宣言は、日本軍に対し、ただちに戦闘を止め、武装解除し、交戦相手に降伏し、帰国することを命じている。辻の「一人大陸に潜り、仏の道を通じて日タイ永遠の絆になろう」という決心は、帰国の放棄であり、天皇の命に反しているといえる。

「東亜連盟」呼びかけのために「潜行」を決意

辻がこのように決意したのは、一つには彼がタイにいたからだ。タイは日本の交戦国ではない。日本軍は欧米列強の植民地にならなかったこの国に進駐したが、国家の主権を侵すような占領ではなく、関係も友好的だった。タイ王室もタイ国軍も日本軍に協力的だった。したがって、辻は直ちに戦争犯罪者として逮捕される心配はなかった。

ただし、イギリス軍がタイに「侵攻」してくれば話は別だ。彼はフィリピン最高裁判所判事ホセ・サントスの殺害を命じた容疑で戦犯容疑者となっていた。これにシンガポールで華僑の指導者たちの虐殺（二〇〇〇人から三万人の間とCIA文書にはある）を命じた罪も加わる。もしもイギリス軍の手で戦争裁判にかけられれば、間違いなく死刑になる。

彼は自殺するという旨の遺書を残していったが、彼を追及するイギリス軍とアメリカ軍は、これが偽りであることを見破っていた。(17)だから、イギリス軍が来る前に、仏僧に身をやつし、「潜行」する必要があったのだ。

「潜行」しようと思ったもう一つの理由は、彼が導師と仰ぐ石原莞爾の「東亜連盟」思想に求められるだろう。これは、満州を植民地化するのではなく独立国とし、中国から武力で権益を奪うのではなく、むしろこれらを返還し、和平を図ることで、両国をパートナーとして「東亜連盟」の中に取り込み、陸続きのソ連や海から迫ってくる英米の脅威に軍事的に対抗できる日本中心の勢力圏を作ろうという考え方だ。

石原のこの思想の根底には、そもそも海岸線の長い日本は、ソ連や英米（特に強大な海軍力を持つアメリカ）の侵略から単独では軍事的に自らを守れないという認識がある。その認識のもとに石原は次のように考えた。

日本を防衛するためには、東アジアの国々と連携し、協同して防衛圏を構築しなければならない。より大きな防衛圏を作ることによって初めて日本本土も守れるのだ。

それなのに、当時の日本は、朝鮮や満州の植民地化に邁進することで東アジアのさまざまな民族の離反と抵抗を招き、さらに中国とも大規模な軍事衝突を続け、泥沼にはまって身動きできなくなっている。このままでは、日本が軍事的に立ち行かなくなるだけでなく、背後からソ連、海から英米の攻撃を受けるならば、たちまち軍事的に崩壊してしまい、満州や中国どころか、日本本土すら守れなくなる。

そうなる前に、国防と経済の面で共通化した日本（支配下の朝鮮半島と台湾を含む）、満州国、中国による「東亜連盟」を形成し、連携を強めることによって、陸ではソ連の侵略を防ぎ、太平洋では英米の制海権に対抗していこう。(18)

日本が軍事力をもって東アジア諸国を植民地化しようとすれば、日本は東アジア諸国、ソ連、英米を敵としなければならないが、東アジア諸国と協同して「東亜連盟」を形成し、これに拠ってソ連と英米と対抗していこうとするなら、ソ連か英米（特にアメリカ）を敵とするだけですむ。

幸いソ連には強大な陸軍はあるが、海軍はきわめて貧弱だ。逆に英米は日本を圧倒できる海軍力はあるが、東アジアに陸軍力を展開する力はない。しかもソ連と英米の東アジアでの利害は鋭く対立しているので、この二大勢力がこの地域で連合するということは考えにくい。したがって、これらの大国を同時に敵にする事態は考えにくい。

「東亜連盟」対ソ連ないしアメリカなら、力が拮抗するところまでもっていけるが、日本対東アジア諸国、ソ連、アメリカならば、日本は圧倒的不利になる。だから「東亜連盟」結成によってその状況から脱しなければならなかったのだ。

石原の「東亜連盟」構想は、鋭い現実認識と戦略思想に基づいたものだった。もともと、石原は満州国が成立したあと、東條ら統制派の軍閥が植民地化しようとしたことに反対し、むしろ、この国を五族協和（中国人、朝鮮人、満州人、白系ロシア人、日本人）の独立国とし、日本の有力なパートナーとすることで、ソ連や英米の支配に対抗していくことを唱えた人物だった。

辻は支那派遣軍の参謀として南京にいたとき、この「東亜連盟」思想を日本軍将兵に説き、さらに児玉の持つ新聞や雑誌を使って日本にも広めていた。児玉はもともと国粋主義の運動をしていて、児玉機関を作る前から、自らの思想を宣伝するためのプロパガンダ紙『やまと新聞』（その後身は『新夕刊』、『日本夕刊』）を持っていた。

こうした辻の啓蒙活動に激怒した当時の首相東條は辻を台湾に飛ばした。中国に対し「融和的」な「東亜連盟」の思想は、東條ら対中国強硬政策をとる統制派によって異端とされ、実際戦時中の四四年には非合法化された。

日本が敗れたからこそ「東亜連盟」

「東亜連盟」を信奉する辻にとって、日本の敗戦はどのような意味を持っただろうか。普通の日本人にとっては、敗戦は「大東亜共栄圏」の夢が潰《つい》えさったことを意味した。だが、辻にとっては、敗戦によって「東亜連盟」における日本の地位は低下しただけで、その根本が否定されたわけではなかった。むしろ、ソ連とアメリカが勝ち誇り、イギリスやフランスもアジア支配を再開しようとしているのだから、必要と大義はより大きくなっているといえる。少なくとも辻は、そう考えた。

敗戦によって日本の強大な軍事力は消滅し、アジアに大きな軍事的空白が生まれている。だからこそ、これまでとは違った形の連携関係をアジアの国々と結び、新たな形の「東亜連盟」を構築してゆかなければならない。それを、やがて「侵攻」してくるイギリス軍から身を隠しつつも、東南アジアでは唯一欧米ロシアからの独立を守り抜いてきたタイでやろう。辻はこのような結論に達した。ただし、辻は「一人大陸に潜り」とも書いている。つまり、彼にとってのタイとはアジア大陸の一部であり、そこから切り離された一国だけの存在ではない。要するに、とりあえずタイに身を潜め、タイとの友好のために身を賭すが、そこから出て行くこともありうるということだ。

事実、イギリス軍がタイにやってきて、次第に日本人戦犯狩りが厳しさを増してくると、彼は現地で秘密裏に活動していた軍統、すなわち国民党のインテリジェンス機関と接触し、「亡命」を申し出ている。辻はそのまま帰国すれば戦争犯罪者として裁かれると考えたので、日本に帰ろうとは考えなかった。だから「亡命」としかいいようがない。

それまで戦っていた国民党相手に「亡命」というのも無茶な話に思えるかもしれない。だが、「東亜連盟」の考え方からすればおかしなことではない。国民党と日本の戦いは、辻からすれば、どちらが「東亜連盟」の盟主になるかというといわば主導権争いだった。だが、ともに手を携えなければ、お互いにソ連やアメリカから身を守っていけないことに変りはない。アメリカとの戦争に敗北して、日本は盟主の座から降りざるをえなくなったのだから、これからは国民党を盛り立てて、日本の敗戦によってできたアジアの軍事的真空地帯に、欧米列強とりわけソ連が入り込むのを阻止していかなければならない。これに加えて、辻は国民党が必ず自分を受け入れるという確信めいたものを持っていた。事実、国民党幹部は実にあっさりと辻を受け入れる。辻には価値があったからだ。

国民党も辻を求めた

国民党にとって日本は手ごわい敵だったが、同時に同じくらい恐ろしいソ連と中国共産党に対する強固な防壁でもあった。だから、実は戦争中でも、こと対ソ連と対中国共産党作戦においては国民党と日本軍は協力することもあった。山西の場合がそうだ。

しかし、日本の敗戦によってこの防壁は崩れ去った。国民党は直接ソ連と共産党軍と対峙することになった。これに国民党だけで立ち向かうのは心もとない。しかも、アメリカは国民党支援を躊躇し始めていた。実際、のちに見るように「中国白書」(国民党軍は腐敗し、人民の支持も失っているのでこれ以上アメリカは国共内戦に介入すべきではないという内容)という三行半をつきつけて、国民党支援から手を引いてしまう。

辻はノモンハンの戦いで、関東軍参謀で作戦主任だった服部卓四郎陸軍中佐とコンビを組んで、攻撃一点張りの作戦を採り、自らもそれを指揮して日本軍を大敗北に導いたとされている。これが今日に至るまで続く彼に対する悪評、低評価の源の一つになっている。にもかかわらず、彼がソ連軍との大規模な戦いを直接指揮した経験がある稀な軍歴の持ち主であることには変わりない。その知識と経験を国民党は必要としていた。

それに、辻は戦争中、南京で、「東亜連盟」運動の一環として、中国人に対して暴虐の限りを尽くす日本軍の綱紀を粛正するために「兵に告ぐ」などの啓蒙運動も行っている。さらに、辻自身の言葉によれば、「東亜連盟」のパートナーである蔣介石に敬意を表するため、出身地の浙江省に赴き彼の亡母の慰霊祭を行ったという。[19]本当だとしても、パフォーマンスだろうが、これを聞いて蔣介石は感涙にむせんだといわれている。

辻に限らず、関東軍や支那派遣軍にいた高級将校たちは、中国で長年付き合いがあった親日的中国人はもちろんのこと、国民党の幹部とも心を通わせることができた。国民党幹部の多くは日本の士官学校出身者で、互いに先輩後輩や師弟関係にあった。それに、アジアのためのアジア、第三極としてのアジアを目指していたのは、国民党の指導者の孫文も日本の軍人も同じだった。

国防部第二庁第三組に留用された帝国軍人たち

さて、辻は軍統の手引きでタイ、ラオス、ヴェトナム、昆明を経て当時国民党政府の首都になっていた重慶に入る。そして、国防部第二庁第三組で対ソ連インテリジェンスを担当した。ここには、大本営参謀本部時代に彼の上司だった元陸軍中将土居明夫が既にいた。[20]土居は、戦前日本最大の対ソ連インテリジェンス機関であったハルピン特務機関とその後継組織の関東軍情報部のトップだったことがあり、日本きってのソ連通だ。したがって、日本に帰国すると、戦争犯罪容疑者を取り調べる国際検察局にソ連の取調官も参加している以上、ソ連のターゲットになって戦犯にされる可能性が強かった。このこともあって、彼は終戦ののち、進んで国民党の国防部の留用を受け入れ、辻より先に対ソ連インテリジェンスに携わっていた。

蔣介石は日本軍が四六年に南京を明け渡したので、首都を重慶から南京に移していた。辻もこれにしたがって南京に移り、ここで国民党国防部第二庁第三組に「留用」され、対共産国インテリジェンスと作戦立案を担当した。

辻と土居の二人のほかにも「特情関係者（筆者註・暗号解読など特殊情報を扱う）数名は半強制的半永久的に中国陸軍部内に留まった」という。(21)CIA文書によると、こういったなかに大久保俊次郎もいた。彼は、ポーランドで対ソ連軍の暗号解読を学んだこの分野の第一人者だった。そのため、帰国していたところをわざわざ辻に呼び返されて国民党のためにソ連の暗号解読を行っていた。(22)

彼らは、南京にありながらも、東京の辰巳栄一元陸軍中将と連絡を取り合っていた。辰巳は終戦のとき第三師団長だったが、四六年と早い段階で帰国を許可されていた。帰国には条件がついており、中華民国日本代表部、つまり、国民党の日本代表部に協力して対ソ連インテリジェンス機関を作ること、とされていた。

辰巳と同じ船で帰国したなかに、元大本営陸軍部参謀本部作戦課長で陸軍大佐の服部卓四郎もいた。(23)服部は、東條内閣のときは、東條の秘書をしていたため、小磯内閣になると、歩兵第六五連隊長に格下げされて中国に飛ばされた。このため、彼が終戦を迎えたのは、揚子江沿岸地域だった。

この二人は、日本に帰国したのち、国民党と密に連絡を保ちつつ、日本で対ソ連インテリジェンス網を築いた。そして、それぞれが大物を後ろ盾とすることに成功する。

服部は帰国後、復員局にいたところをGHQのG－2トップのチャールズ・ウィロビー准将に気に入られてGHQの歴史課に引き抜かれる。ここで彼は、太平洋戦史を編纂すると共に対ソ連インテリジェンスと対ソ連作戦立案を行った。

辰巳は郷里の佐賀県で隠棲していたところを吉田茂に呼び出されて彼の軍事顧問となった。吉田が駐英大使だったとき辰巳が大使館付武官だったこともあって、辰巳は軍人嫌いで有名な吉田とコミュニケーションがとれる例外的軍人の一人だった。

辻の極秘帰国

四八年、ソ連が日本軍を駆逐した満州など中国東北部では、中国共産党がみるみる勢力を拡大し、その征討に向った国民党軍を次々と撃破し始めた。辻は南京にいたとき国民党の国防部から対中国共産党作戦のために、中国東北部の地図や作戦要綱の作成やインテリジェンス分析を命じられたという。

しかし、国民党の無能さのために、それらが戦闘の前ではなく、戦闘のあとに国民党軍に届くので役に立たなかった。(24)土居や辻らがインテリジェンスと策とを授けるにもかかわらず、国民党軍の共産党軍に対する敗北は決定的になっていった。

このような時期、辻は母親が重病という理由で帰国を願い出た。蔣介石の母の慰霊祭を行ったほど孝心に厚い辻だ。この願いは国民党政府に聞き届けられたという。辻は岡村の日記にしたがえば、四八年五月一六日に日本船海王丸で帰国の途についた。(25)辻の次男、辻毅氏に筆者がインタヴューしたところ、辻は台湾経由で日本へ帰ってきたと答えている。

辻の母親が本当に重病だったかどうかについては疑いがある。というのも、同じ時期に土居も密航によって帰還し、辰巳のもとに身を寄せているからだ。当時、土居は上海に移っていて（時期は不明）、東京の中華民国代表部にいる辰巳と連絡を取り合って対ソ連インテリジェンスを行っていた。その彼が、南京で同じことをしていた辻とほぼ同じ時期に帰国しているということは偶然ではないだろう。

つまり、何らかの理由で、辻や土居など国民党国防部に留用されていた対ソ連インテリジェンスのエキスパートを東京に勢ぞろいさせる必要があったと考えるほうが自然だろう。事実、中華民国代表部は、幹部を入れ替えたのち、その機能を強化している。「留用」なので、いずれは帰国できるのだが、わざわざこの時期に認められたということは日本国内の辰巳らと合流して、対共産党軍インテリジェンス工作を強化し、併せて日本の旧軍人の国民党への協力を引き出すことを期待されてのことだったと考えられる。

それは国民党の側の動きからも裏付けられる。国民党は四九年に、中華民国代表部（東京）のトップを商震から朱世明に、軍事担当の一組の組長を王武から曹士澂に交替させている。(26)曹は南京で岡村や辻の連絡係だった人物だ。この中華民国代表部の立て直しののち、日本にいる旧軍人たちの秘密機関の活動は活発化している。

中国にいるときも、辻は、日本の服部としきりに連絡をとっていた。その服部は吉田の軍事顧問となる辰巳としばしば会っていた。したがって、辻は服部や辰巳、それに連なる帰国組の高級将校と中華民国代表部とも連絡を取り合っていたことになる。このことはあとで重要になる。

帰国したとはいえ、辻は戦犯容疑のため、炭鉱労働者や旅の僧に身をやつしながら潜行していた。土居もソ連の関係機関に狙われる恐れがあるため、復員の手続きをせず身を潜めていた。

面白いのは、CICは日本国内での辻の居場所を突き止めていながら逮捕しなかったことだ。それどころか、四九年九月かぎりで新たな訴追を行わないことになり、この年の末には戦犯裁判そのものも終了するから、もう身を潜める必要はないと、服部や（巣鴨プリズンから出たあとの）児玉を通じて辻に知らせてさえいる。CICはG－2の下にある保安・治安維持機関なので、ニューディーラーが多いGS（民政局、さまざまな戦後改革を行った）とは旧軍人らの秘密機関に対してとるスタンスが違っていた。

国民党とGHQのあいだで、辻や土居の居場所がわかっても、逮捕しない、むしろソ連やイギリスの情報機関から守る、という取り決めがあったとしか考えられない。彼らが身を隠したのは占領軍からではなく、ソ連関係者と日本の左翼からだった。だが、四九年が終わりを告げると、彼らは戦争犯罪者指定を恐れることなく、辰巳とともに、国民党のために対ソ連インテリジェンスや工作をできるようになっていた。

この翌年の五〇年、辻は、自身の終戦直後の冒険譚をまとめた。それが『潜行三千里』である。同書は当時三〇万部を超える大ベストセラーとなり、今日までに一〇〇万部ほどを売り上げている。

第三章　国防再建と秘密機関——三枚目の絵

宇垣一成の八月一五日

陸軍の大御所である宇垣一成は、日本で敗戦を迎えた。三八年に外務大臣（近衛文麿第一次内閣）を辞して政界から遠ざかってから七年が経過しようとしていた。そのためか彼は、八月一五日付の日記に、敗戦をどことなく他人事として受け止めているような記述をしている。

正午ラヂオを通じて講和に関する玉音を拝聴せり。只恐懼、悲壮、痛恨!! 以外に吾胸中を形容すべき言辞なし。昨夜阿南陸相自刃せり、噫！　午後鈴木内閣総辞職せりと。此期に臨んで引退では済むまい。須らく承詔必謹すべき也。其後に於て大罪を奉謝すべき

也。(27)

宇垣は戦前に、いわゆる宇垣軍縮を達成し、当時の軍人としては珍しく軍部の独走にも歯止めをかけようとしていた。戦争末期には、和平工作を行い、彼と同じく一刻も早く和平に導きたい吉田茂から何度も総理大臣に出馬するよう要請されていた。

実際、『宇垣一成日記』によると、小磯内閣が倒れたときにも有力な総理候補になっていたが、結局鈴木貫太郎に敗れた。玉音放送に接しても、このように大所高所からの視点から情勢分析ができるのはそのためだろう。

ちなみに、宇垣は戦後小物ばかりになった日本の政界では、かなりの大物で、戦前も戦中もことあるごとに総理大臣の候補者として名前が挙げられていた。ただし、常に有力候補（惑星）にはなるものの、総理大臣（恒星）にはならないので「政界の惑星」と呼ばれた。

このあとの日記を読むと、彼は日本の敗戦は自分が総理大臣になる好機でもあると考え始めたようだ。というより、戦前の反省に立って日本の再建に乗り出すべきは自分だと思ったようだ。事実、彼は四五年の九月になると（日付は九月初旬としかない）、「新日本建設の要諦」という次のような綱領を書いている。

一、天皇を中心として民意の純正なる昂揚と潑剌たる暢達を期す。
一、積年の政策を一掃し明朗闊達なる新日本の創建を期す。
一、科學、産業を振興して國民の物心両生活の安定と向上を圖り健全獨歩する新日本の隆昌を期す。
一、戦争に関する被害者の救護慰籍に関し遺漏なきを期す。
一、國際信頼を尊重し世界平和と人類幸福の増進に協力す。(28)

いずれ総理大臣候補者として担ぎ出されるだろうから、今のうちから日本再建案をまとめて置こうと考えたのだろう。理想を述べたもので、誰も反対しない内容だが、具体性に欠けているともいえる。

戦争終結後、鈴木のあとに東久邇が政権を担ったが、暫定政権だということは誰の目にも明らかだった。実際に東久邇内閣総辞職を受けて幣原内閣が成立した際には、宇垣は今度こそ次は自分だ、と思っていたのかもしれない。事実、四五年一一月一六日の日記では、進歩党が自分を党首に担ごうとしていると記している。

ところが、年が明けるとマッカーサー指令が出され、旧日本軍の高位の軍人はすべて公職追放されるということになった。つまり、旧日本軍にあって枢要な地位を占めていたという理由だけで、宇垣は公職に就けないことになってしまったのだ。

四六年三月二二日の日記には、宇垣が衆議院選挙に立候補しようと決意したものの、マッカーサー指令（公職追放）に抵触するとGHQが通告してきたために断念することにしたと書かれている。(29)

にもかかわらず、宇垣のGHQへの覚えはめでたかった。宇垣が戦前軍部のファッショ化に反対し、戦中も和平に積極的だったことはGHQにもよく知られていたからだ。だから公職追放になってはいても、近い将来総理大臣になると考えられていた。

この大物は、前述のような日本再建案を掲げ、政界進出の意欲も高かったため、彼のもとにはいろいろな経歴や考えの人間が集まってきた。その中でも目立っていたのは、旧日本陸軍、特に大本営陸軍部参謀本部の高級将校たちだった。

宇垣とGHQの密約

CIC文書によれば、日本に進駐してきたGHQは宇垣にある取引を申し入れたという。すなわち、「宇垣派（Ugaki Faction）」の元高級将校にGHQの占領に協力するよう説得して欲しい、ということだ。もし協力してくれればこれらの将軍の戦争犯罪を免じ、彼らの活動も黙認するというものだ。(30)

ここでGHQがいう「宇垣派」とは、河辺虎四郎、有末精三、服部卓四郎、辻政信など宇垣を戦後に総理大臣に担ぎ上げようとした参謀本部の元高級将校を指す。戦前に山県有朋を頭目とする陸軍の長州閥に対抗するため宇垣のもとに集った非長州閥の高級将校である荒木貞夫、真崎甚三郎、林銑十郎などのことではない。

彼らは大本営参謀本部に所属する、いわゆる「大本営参謀」だったために、基本的に実戦には参加しておらず（辻は例外で前線に出ていた。服部も左遷されて中国の前線に送られた時期がある）戦争犯罪に問われにくいという事情はあった。とはいえ、そのような高級将校であったがゆえに、戦争の「共同謀議」に関わっていたともいえるし、その地位にいたという理由だけでA級戦争犯罪容疑者となってもおかしくはなかった。

前に見た支那派遣軍の司令官、たとえば岡村や澄田も、特になにか具体的な戦争犯罪を行ったからというより、中国に進出した日本軍を指揮する立場にあったからという理由で戦争犯罪容疑者とされている。

具体的、個別的に市民や捕虜の虐殺に関わっていた場合は、軍事法廷で裁かれ、死刑や禁固刑を受けている。これら中国や東南アジアや太平洋地域で戦争犯罪容疑者とされた高級将校に対する措置と較べても、「宇垣派」に対するGHQの扱いは例外的だといえる。

この扱い方は国民党の旧日本軍の高級将校たちへのそれに似ている。国民党は岡村や澄田を戦争犯罪容疑者としたが、容疑者たちが協力的で、帰国しようとしない限りは、監禁したりせず、自由に行動させた。日本軍の武装解除や秩序維持や本国送還に彼らの助けがいるからだ。すでに見たように、閻などは澄田を利用して、元日本軍を自軍に取り入れようとすらした。同じようにGHQも、「宇垣派」を日本の占領に利用しようとしたのだ。

元大本営参謀たちの秘密機関

CIC文書にある次の図を見ると、この宇垣派の元大本営参謀たちが、宇垣の傘下でそれぞれ秘密機関を作って活動していたことがわかる。

日本のインテリジェンス機関─宇垣機関─河辺機関─河辺機関
有末機関
服部機関
その他(31)

この図では河辺機関が宇垣機関の下部組織と位置づけられている。河辺機関は拡大して、河辺機関、有末機関、服部機関、その他（戦後の児玉機関を含む）に分かれていった。だが、これらの機関は、最初から秘密の目的を持って活動していたのではなく、最初の段階では復員局に関わる業務を行っていた。

こういった秘密機関の代表格は河辺機関で、そのトップの河辺は第一復員省の幹部でもあった。有末も、横浜復員局のトップになり、復員業務をしていた。中国大陸から引き揚げてきた服部も、帰国後は復員業務に携わっていた。

これらの大本営参謀たちをG－2と結びつけたのは有末だった。彼は持ち前の傲慢さがたたって横浜の復員局から締め出されたあと、ウィロビーの肝いりでGHQの歴史課の配属になっていた。ウィロビーは、イタリア通でドイツ語もできる有末に親しみを持ち、またインテリジェンス将校としての能力も高く評価していた。

ちなみにGHQの歴史課は、もともとは太平洋戦史編纂のための部局だったが、予算が潤沢だったので、次第に有末を始めとする日本人の元高級将校らに資金を与えてさまざまなインテリジェンス活動をさせるようになった。

ウィロビーは歴史課にスカウトした有末を四七年に「河辺機関」に送り込んだ。(32)というのも、この機関は復員業務の延長線上でインテリジェンスや保安も行っていたからだ。戦地、とりわけソ連軍や中国共産党軍がいた地域から復員してきた兵士は、これらの軍について、その地の政治・軍事情勢についての情報を持っている。河辺は、復員業務をしながらこれらの情報を引き出していた。

この業務は保安や治安維持とも結びついていた。復員兵の中には、ソ連や中国共産党の捕虜となり、思想教育を受けたものもいた。彼らは、共産国の工作員になっているかもしれず、共産革命のための暴動やデモを企てることも考えられ、要注意人物だった。彼らがいつどこから復員してきて、どこへ落ち着いたかを知ることはきわめて重要だったのである。さらに、戦後の混乱期では、日本国内に残った朝鮮人や台湾人や中国人が、自らを「戦勝国民」であるとして、弱体化した警察では手に負えないような事件を引き起こしていた。彼らを監視し、情報を集め、なんらかの対処をすることも、必要だった。

これは、GHQのG－2やCICが行っていた保安とインテリジェンスとも結びついていた。G－2のウィロビーが有末を「河辺機関」に送りたかったのは当然だった。

復員業務も一段落すると、河辺と有末は、G－2の資金援助のもとに、この業務から得た情報や人脈を活用しつつ、秘密インテリジェンス機関を作り上げていった。アメリカ軍による占領はいずれ終わるので、再軍備のときに備えて準備しておきたいと考えたのだ。

あとで詳しく見るが、河辺は治安維持隊、有末は対外インテリジェンス機関、服部は国防軍を計画していた。

ウィロビーは、これらの機関が、復員業務の機関から占領後の再軍備をにらんだ秘密機関に変質してからも、活動資金を与え続けた。ウィロビーたちも占領が終わったあとに日本を再軍備させる必要を感じていて、その際は有末や河辺や服部などを通じてできるだけ自分たちの影響力を残したいと思っていたからだ。

国防軍が作れないので義勇軍を作る

「宇垣一成関連文書」は、日本再建計画について大雑把なことしかいわない宇垣が、四八年ころには国防についてはそれなりに具体的に考えるようになったことを明らかにしている。この国防案は河辺、有末、服部の秘密機関とその活動とも関連していた。

まず、国防案から見ていこう。四八年四月の段階で宇垣は「国是国策に関する私案再検討」で米ソ抗争の中で日本がとるべき道を次のように記している。

米ソの深刻なる抗争裡に日本はいかに善処すべきや
いまや米ソ間の確執抗争は日々其深刻尖鋭化の様相を呈しつつありて一触即発の形成にあるが如きもソ連としては戦後疲弊尚癒し終わらず少なくとも例の五ヵ年計画の完成する迄は強硬を装いつつも容易には立ち上がるまい。蔣又米国としては軍備、生産、財力等に於いては今ではソ連に優るところあるも何か輿論に左右せらるる国柄であるから米国国論が剣を抜いて立ち上がると云うまでには尚幾多の経緯と時日を要するものと思惟せらる。
然るに両雄併立せずとの譬えの如く結局は両者の兵火相見ゆるの期も余は遠くあるまい。

それが日本更生の後に発生するならば色々にと有為なる打つ手も存すると思われるも、それが其更生以前に発生するとすれば防備はなく武力なき日本としては打つ手、千変萬化ありとは参り兼ねるが其場合に処する余の腹案の一端を紹介すれば左の如し。

1. 米ソ両国に斡旋して極力居中調停の労を執り世界をして兵火の惨を避けしむべし。

2. 米ソ開戦の止むなきに至りたる場合には厳正中立の保持に努め日本領土内の戦場化を避くべし。

3. 日本領域全部或いは一部の戦場化絶対に避け得ざる場合に於いても政府及官公の諸機関を戦争に参加を避けて中立の態度を保持すべく只此際民間団体に於いて護郷義勇団を組織し地方治安の維持に参加すべし、此義勇団は陸海空の三部より成る。

4. 義勇団統率者は近隣にある米或はソ軍指令と接触交渉の任に当たり、義勇団の保育装備の完全を期し、進んで協同動作を行うべき場合には豫め戦後に日本の東亜に於いて確実に占むべき立場につき充分なる交渉を遂げ且確たる諒解を取得し置くこと。

5. 義勇団の整備したる暁に於いて之を祖国の武装化に転用すべきか或いは祖国は依然非武装化の態度を保持すべきやは作戦の推移と世界情勢の変遷を見計ひ随時決定すべきものとす。(傍線筆者、一部表記を改めた)(33)

傍線の部分、つまり、米ソ間の戦争が、日本が復興再生を遂げたあとに起こるならば、それから身を守り、被害を少なくする手も打てるだろうが、その前に起きるならば、自らが起こしたのでもない戦争に巻き込まれることになるという部分は、宇垣の痛切な思いがあらわれている。実際にそうなったら、日本の荒廃はいよいよ致命的なものになるだろう。それを逃れるために、当時できることは、最後の傍線を引いた箇条書きの部分にあるように、「義勇団」を作ることだけだった。

ただし、この「義勇団」は米ソの戦争に日本が巻き込まれないよう、中立を保つためのもので、しかも「陸海空の三部より成る」といっているので、言葉は「民間」の「義勇団」でも、最後の5にあるように、情勢の変化によっては「祖国の武装化に転用」できるものを念頭に置いていた。

実際、宇垣が二ヶ月後に書いた「義勇新軍建設要綱」では、「義勇団」は「義勇新軍」に昇格し、しかも以下で見るように「戦力あり且《かつ》國民の信望を擔《にな》ふ軍」とはっきり定義されている。

義勇新軍建設要綱

1. 戦力あり且国民の信望を担う軍を建設せんが為大義名分を明らかにすること万般の考慮を払う。

1. 新軍は天皇の軍と為すを可とするも差し当たり連合軍に信頼ある個人を頭首とする義勇軍と為すの止むを得ざるべし。

1. 新軍の建設は現復員官公署を利用することなく別個の組織に依る。

1. 此際現復員官公署に在る人員の中適任の極めて一部及旧軍人中特に頭首の信頼する少数有為の者を用するは勿論なるも勉めて旧軍人以外の適任を探求し之に参画せしむ。

1. 新軍建設の着手特に前項骨幹要員の準備は最も迅速なるを要す。

1. 新軍は陸海を主とし、海は輸送及近海水上警戒に任する極めて小なる一部に止む。

1. 新軍建設に方《あた》りては、過去に於ける階級及年齢に拘泥することなし。

1. 新軍には階級を多くして進級抜擢を活発ならしめ補職は階級に拘らず適材適所主義に徹す。

1. 国家警察を義勇軍の一環として其頭首に隷せしめ内容を軍隊化す之が為即時幹部に旧軍人を充当す。

1．上述の新軍は将来天皇の軍再建に際し解消するものとす。(34)

「義勇」という部分で、かろうじて新憲法第九条に配慮を見せているものの「戦力」であって、三軍から成るとすれば、こののち作られる警察予備隊や保安隊や自衛隊よりも国防軍に近いものだといえる。同じ文書の以下の部分では、兵員の規模、アメリカ軍や海上保安庁との関係にまで言及して、より具体的な計画を述べている。

1．陸軍の為各府県毎に頭首の信任し且地方に威望ある適任の旧陸軍高級将校をして将来に於いて幹部たり得べき素質を有する三千乃至五千人を選抜し（全国計二十萬）米軍と協力して主として団結の鞏化を図らしむ

2．空軍は実働軽爆百、戦闘五百、司偵三十機を目途とするも不取敢米空軍に要員を供給するため逐次旧陸海軍航空関係者より適任者を簡抜し米空軍をして空中勤務者を訓練せしむ。此間別に航空通信及地上勤務部隊要員を新に募集し訓練す

3．海軍は当初米軍の要求する人員を供給するに止め、別に海上保安庁を逐次海軍化する

宇垣は「東亜連盟軍」を目指していた

この宇垣の「義勇新軍」には次の五つの特徴があるといえるだろう。

一つ目は、前にも述べたように「戦力あり」の「新軍」としながらも「義勇」を冠していることだ。占領中なので、ここだけは遠慮した形だ。また、国家的機関による徴兵ではなく、この段階では、あくまでも民間による募兵だった。つまり、「義勇新軍」は戦力を持つ軍隊なのだが、とりあえずは民間団体が募集して作るものなのだ。

二つ目は、「義勇新軍建設要綱」の草稿の段階では、「義勇新軍」の前に「国際」が付いていたということだ。これは、アメリカの求めに応じて海外派兵できる「義勇軍」を考えていたからだという説がある。(35)それもそうなのだろうが、もともと「東亜連盟」的な考えがあったのだ。

宇垣は、この当時のアジア情勢の判断から、彼の「義勇軍」が中国(国民党の)や朝鮮やほかのアジアの国の軍などと協力、連合することを考えていた。敗戦国で占領を受け、正規の軍事力を奪われた日本一国では、米ソに対して防衛することなど到底できないからだ。だが、戦争に負けずとも、中国や朝鮮や他の東アジアの国もまた、一国で国を守ることはできないと宇垣は思っていた。日本と他の東アジアの国が協力、連合するには、宇垣の「義勇新軍」は「国際義勇新軍」でなければならないのだ。

事実、宇垣は「国是国策に関する私案再検討」で、米ソ対立が深まるなかで、日本が自国を守ろうにも、「戦力」を保持することをマッカーサー憲法によって禁じられていることを強く懸念するとともに、東アジアにおける対ソ防壁としての中国も朝鮮も、余り頼りにならず、次第に北方から押され気味になっている、と分析している。

つまり、彼は、中国（国民党の）も朝鮮も単独では強盛を誇るソ連に圧迫されるばかりなので、日本の潜在力（つまり軍事力）を頼りにすべきだと気付いて、近い将来軍事協力または連合を働きかけてくるとみているのだ。

さらに、同じ文書で「東亜殊に極東の真の獨立と安泰を保持し、健全なる発達進歩を祈念する吾々としては、千難万難を排除しても極東三國間（日本、韓国、中国）の融和親近尚進んでは相互扶助体勢の確立までも漕ぎつけねばならぬ。此の期待が實現し得ざる限りは東洋民族の真正なる獨立は成立せずして永遠に白人の附庸隷属関係を脱逸することは結局不可能事に終わるべし」とも述べている。

日本を含め東アジアの国々は、互いに協力・連合しなければ、アメリカとソ連から身を守れない。だが、「国際」を明記すると、アメリカを刺激するので、草稿の段階でこの文言を削ったのだろう。

三つ目は、「連合軍に信頼ある個人を頭首とする」としているということだ、つまり、この「義勇新軍」は、アメリカ軍と緊密に連携を保つことが想定されている。その際のトップとしては、河辺や有末や服部や辰巳などGHQの覚えがめでたい元高級将校を想定していた。

四つ目は、復員局関係者と旧軍人とを中心に、復員局とは別に作った組織によって、新軍を建設するということだ。旧軍人は復員局を通じて、新生日本に社会復帰するが、彼らはさまざまな過去のしがらみをひきずっている。だから、それらから自由な新しい日本にふさわしい人材を登用して「義勇新軍」を作りたいというのだ。

五つ目は、国家警察をこの「義勇新軍」の下に置くということだ。普通、軍と警察は別だからかなりユニークな発想だが、「戦力」を持たない戦後日本では、その分、密に連繫する必要があると考えたのだろう。

宇垣義勇新軍と三つの秘密機関

さて、宇垣の「義勇新軍」案と宇垣傘下の三つの秘密機関とは、どう関連していたのだろうか。

ＣＩＣ文書によれば、河辺機関は占領下では「特高査察網（Special Higher Investigation Net）と特別治安維持隊（Special Peace Preservation Corps）」を目指していて、将来はそれをベースとした治安維持隊を作ることを目指していたという。(36)

警察よりは治安維持隊的なものを欧米では「コンスタビュラリー」と呼ぶが、宇垣が最初に考えた「義勇団」は、「地方治安の維持に参加すべし」といっているのだから、これに近い。そして、河辺機関の志向していたものも、あとでわかるのだが、まさしく「コンスタビュラリー」だった。

一方、有末機関は、有末が終戦まで大本営参謀本部で行っていた対外インテリジェンス活動を維持し、日本が再軍備する折には復活させることを目指していたのだが、ＣＩＡ文書によれば、四八年ごろから次のように肥大し始めていた。

有末機関（ＮＹＫビル）の活動

1．アメリカに関する情報を集める。

2．ソ連に関する情報を集める。

3. 宇垣一成を復活させる。
4. 治安維持隊（a constabulary）を創設する

主たる工作地域：中国、北朝鮮、蒙古、ソ連。
A. 調査部門：曾野明、外務省調査部第三課の課長。
B. 実行部門：責任者、前陸軍大佐　鈴木。
C. 実働部隊：前陸軍中将鎌田詮一、陸軍少将渡邊渡。(37)

これを見ると、有末機関は河辺機関から派生したものだが、3や4など河辺機関の目的のかなりの部分を共有していることがわかる。両者の違いといえば、河辺機関が国内の保安と治安維持に主眼が置かれているのとは対照的に、有末機関は対外インテリジェンスや工作を設置目的の上位に置いていることだろう。

この点で、有末機関は宇垣の国際的「義勇団」または東亜連盟軍的「義勇新軍」のインテリジェンス部門となることを指向していたといえる。対外インテリジェンスや工作なしには、このような「義勇団」や「義勇新軍」は活動できないからだ。

三番目に挙げる服部機関はといえば、復員してくる旧日本軍の中から将来の国防軍の幹部になりうる人材四〇〇人の名簿を作り、かつ、彼らのリクルートも行っていた。

服部の頭にあったのは、ハンス・フォン・ゼークト陸軍統帥部長官によるドイツ軍再建の例だった。第一次世界大戦に敗れたドイツは連合国側から軍備は一〇万人までとする厳しい制限を課された。そこで、ゼークトは将官クラスを温存し、下士官以下を大胆に削減した。このようにすることで、ゼークトは敗戦後もドイツ軍の質を落とさず、ナチス台頭ののちは、強力なドイツ国軍を速やかに再建することができた。

服部はこれにならって、日本が将来「国防軍」を再建するとき、速やかにこれに対処できるよう将官クラスの名簿作りをしていたのだ。彼が目指していたのは、治安維持隊や対外インテリジェンス機関ではなく、「国防軍」だった。そして、日本が再軍備する際はアメリカの影響力をできるだけ残そうと思っていたウィロビーの支援を受けていた。

注意すべきは、複数のＣＩＡ文書が示しているように、服部だけでなく、河辺も有末も、分担こそ治安維持隊や対外インテリジェンス機関と違っていても、最終的には「国防軍」の幕僚長のポストを狙っていたということだ。その最短距離にいた服部は、自らの栄達を望んでしているのではないとして、自分以外の適当な人物が国防軍のトップに就くべきだと述べていたが、本心もそうだったかどうかは定かではない。

ＫＡＴＯ機関

このように宇垣の「義勇新軍」案と河辺、有末、服部らの機関が目的とし、ある程度まで実践していた内容とは密接な関係があった。もっとはっきりいえば、「義勇新軍」を治安維持隊、対外インテリジェンス機関、国防軍再建という分野において予備的に実践し、将来の国防軍を準備するというのが、三つの秘密機関の役割だったといえよう。

さらに、この三つの秘密機関の統合体としての「河辺機関」（五八頁の日本の「インテリジェンス機関」の図参照）は、ＧＨＱのＧ‐２やＣＩＣと合同して工作を行っていた。この「河辺機関」とアメリカ側のインテリジェンス機関が合同したものはＫＡＴＯ機関と呼ばれており、ＣＩＣ報告書では次のように定義されている。

ＧＨＱのＧ‐２のためにインテリジェンス活動と調査をする旧日本陸軍の幹部にして日本の地下社会で力を持っている勢力の連合体。(38)

ＣＩＣ報告書には、河辺機関、有末機関、服部機関のほかに児玉機関、田中（隆吉）機関、及川（源七）機関、岩畔（豪雄）機関などの名前が出てくるので、正確にはこれらすべての連合体がＫＡＴＯ機関だということになる。

ＧＨＱ側でＫＡＴＯ機関と連携していたのは、Ｇ－２とＣＩＣに加えて、旧日本軍が蓄えた対ソ連、中国の情報をもとにＧ－２と日本の元将軍たちが合同で研究する歴史課とＰＯＰＯＶと呼ばれた秘密機関である。

ＰＯＰＯＶは「アメリカ軍特別インテリジェンス課」とされているが、鹿地亘《かじわたる》（戦争中、中国で日本兵に反戦教育をしていた人物で中国共産党と関係していた）の拉致事件などを起こしたキャノン機関と同じか、関係があった可能性があるが、今のところアメリカ側の公文書からはそれを確認できない。

TAKEMATSU工作

ＫＡＴＯ機関が行っていた工作の一つが「ＴＡＫＥＭＡＴＳＵ」だった。ＣＩＡ文書はこれを次のように定義している。

ＴＡＫＥＭＡＴＳＵはＰＯＰＯＶが設立した秘密インテリジェンス工作チームの暗号名だ。この工作は日本国内（ＭＡＴＳＵ）から情報を得るものと、国外（ＴＡＫＥ）から情報を得るものとに分けられている。ＴＡＫＥＭＡＴＳＵチームは日本人で編成し、日本人によって運営される。ＰＯＰＯＶは高度の政治的レヴェルにおいてだけ関係を持つ。資金はすべてＰＯＰＯＶが与える。(39)

このＴＡＫＥＭＡＴＳＵ工作の中心的スタッフは次の通り。なお、アメリカ側の人物はいずれもウィロビーの部下にしてＣＩＣの幹部だ。

日本側
河辺
有末
辰巳
横山

アメリカ側
ウィロビー
（ラッセル・）ダフ（ＭＡＴＳＵ監督）
（アーサー・）レイシー（ＴＡＫＥ監督）
（ルーファス・）ブラットン（顧問）
（エリック・）スヴェンソン（顧問）(40)

興味深いことに、同報告書によれば、MATSU工作では日本を次の八つの地区に分け、それぞれ責任者をつけ、彼らに機関員をリクルートさせていた。

東京　辰巳栄一
札幌　萩三郎
青森　佐々木勘之丞
群馬　磯田三郎
大阪　木村松次郎
徳島　上田昌雄
山口　徳永鹿之助
福岡　安倍邦夫

ところが、こうしてやってみた結果、これらの八地区に出先機関を維持することはG－2の予算ではできないことがわかってきた。そこで、河辺はこれらの支部を統合し、本州と北海道と九州の三区分にすることにした。五三年に宇垣が国会議員に立候補した際には、これらの支部のネットワークが集票マシーンになった。

このことからもわかるように、河辺はTAKEMATSU工作をするために巨額の予算をGHQ(特にCIC)に要求していた。つまり、G－2の命令に盲従してやっていたのではなく、請け負って、報酬をもらって役務として行っていたということだ。

TAKE工作では、G－2は河辺に予算を与え、およそ四〇〇〇万円で漁船を買わせたうえで、漁業を装いながら、ソ連に支配されていた北方領土の港湾施設や軍事施設についてのインテリジェンス活動を行わせた。その船が行方不明になった際には、河辺はG－2と掛け合って乗組員の遺族のために補償金をとったこともある。(41)

宇垣の「義勇新軍」は「連合軍に信頼ある個人を頭首」とし、アメリカ軍と緊密に連携を保って国防にあたることを想定していたが、彼の傘下の「河辺機関」、そしてそこから派生し、機能の大部分を引き継いだ有末機関は、それをすでに実践していたのだ。

このように「河辺機関」と傘下の秘密機関がGHQと連携するというのは、前に見た第三極を作るという考えと矛盾すると思われるかもしれない。だが、現実に占領下にあり、占領軍に覚えのめでたい人間でなければ、なにか動きを起こした途端に逮捕されるので、仕方がないことだった。当面は占領軍に対して面従腹背で対処して、機会があれば第三極の形成に転じるという考え方だ。あとで見るように、宇垣の下で機関を運営していた河辺や有末や服部はみなそう考えていたし、そのように行動していた。

四九年には河辺は治安維持隊を創設すべく国家警察に浸透作戦を開始し、将来それを自分の組織の下に置こうと画策していた。これは明らかに警察を軍の下に置くべし、という宇垣の考え方の影響だ。

一方、有末は、河辺がこのように治安維持隊創設に関心を奪われるのを横目で見つつ、河辺機関のほかの機能を引き継ぎ、自らの傘下の機関を肥大化させていった。もともとKATO機関は河辺機関とCICが合同したものだが、このころには国内インテリジェンスと保安の河辺機関よりも、対外インテリジェンスの有末機関のほうがCICに重視されるようになっていた。

岡村・澄田の「計画」はTAKE工作に吸収された

それにしてもなぜ宇垣は、戦後三年経ったこの時期に、このような日本の将来の国防計画を明らかにし始めたのだろうか。そして、なぜ河辺たちの秘密機関はその活動を活発化させていったのだろうか。

その理由はいくつかある。まず、四八年の初めにマッカーサーが大統領選挙に出馬しようとしていたことが挙げられる。彼が出馬するためには早く占領を終結させるか、区切りをつけなければならなくなる。したがって、日本は再軍備の準備に入らなければならない。

また、このころには占領政策の「逆コース」がはっきりしてきて、日本の元政治指導者とともに元軍人も追放解除される見込みがでてきていたことも理由の一つだ。

「義勇新軍」は旧軍人とは違う日本人による「義勇軍」になるべきだが、指揮官はどうしても実戦経験のある旧軍人でなければならない。河辺機関や有末機関などの動きが四八年になって目立つようになってくるのも、このような背景があったからだろう。つまり、追放が解除になり、旧日本軍の軍人たちも公職につけるようになってきて、四八年ごろから再軍備に備えた動きを表立ってできるようになったということだ。

GHQ自体も、四九年ごろには、日本国内の保安とインテリジェンスから対外インテリジェンスと次なる戦争の準備に重心を移していた。中国の国共内戦において共産党軍の勝利が確定的なものになり、東アジアでの共産化が強い流れになっていたのだからこれは当然だった。

　こんなとき、帰国してきたのが、岡村と澄田だった。第一章で見たように、彼らは共産党との戦いで劣勢著しい国民党軍を日本人義勇軍で助けるという「計画」を持っていた。岡村を最初に見舞った日本人が有末だったことには意味がある。つまり、岡村の「計画」の受け皿に有末機関がなったということだ。

　有末機関はKATO機関と合同し、予算もG－2からもらっているので、岡村の「計画」はアメリカの資金も使ったTAKE工作として位置づけられたということになる。たしかにG－2トップのウィロビー（あるいはマッカーサー）などは、共産党軍との戦いに敗北を重ねている国民党軍に軍事的梃《てこ》入れをしたくてうずうずしていた。

　事実、岡村たちの計画は、TAKE工作となっていく。ただし、宇垣や岡村の「計画」は、反共産主義的軍事活動という点ではG－2の利益に合致していたが、アジアに第三極を形成し、最終的にアメリカの支配から脱することを目指すという点では、相反していた。このため、アメリカ側の視点から彼らを見た、『CIA秘録』の著者ティム・ワイナーは、有末や河辺をアメリカ側から資金を騙し取ったとして非難している。(42)その尻馬に乗って日本の一部のジャーナリストが有末や河辺を詐欺師呼ばわりしているが、対米追随というより〝第一次資料に当たらない〟という悪弊から来ているのだろう。

第四章　国粋主義者たちの祖国再建――四枚目の絵

児玉の八月一五日

戦時中、児玉機関の機関長として東京と中国の支所（上海など）の間を行き来していた児玉は終戦の日を東京で迎えた。

玉音放送を聞いたあと、児玉はいつまでも悲嘆にくれているわけにはいかなかった。海軍軍令部次長にして特攻隊の産みの親であり、彼が敬愛していた大西瀧治郎中将が自決する気配を見せていて、実際にそれを決行したからだ。児玉の著書、『われかく戦えり』によれば、大西は終戦の翌日、自決を前にしてこのように児玉にいったという。

「自分はこの数日悩み苦しんだ。陛下の御命令ではあるが、この場にいたって今さら国民に降伏などと言えるだろうかと。しかし結局は陛下の申されることがいちばん正しいことを悟った。

それを悟ってみれば自分ら軍人の至らなかったことのみが反省され、陛下と国民にたいし、真に申しわけない次第だ。ことに特攻機で死んでくれた部下やその家族にたいしては、腹を切ったぐらいでは申しわけにならんのだが、しかしこの場合それ以外にお詫びのしようがない」(43)

このあと大西は自決するのだが、その様子を児玉は同書でこのように簡潔に記述している。

従容として死に迎えられて行く、この静かな中将の姿を見、その言葉を聞いて、人はかくも安らかに死ぬことができるのかということをはじめて知った。

いかにも潔い武人の死に方だ。このように敗戦の責任をとって死についた高級軍人も少なからずいた。だが、全体から見れば少なかった。

奇妙なことに同じく児玉が書いた『悪政・銃声・乱世』では、この大西の死の場面が次のようにまったく変わってしまっている。

（前略）中将は、割腹せられたあとで、「児玉を呼んでこい」と、言われたとのことだった。——息はまだ、絶えていない。

じぶんはすぐ官舎に車をとばした。

軍刀の切っさきは、心臓部を刺し、さらに一ぽう咽喉もとをえぐり、真一文字に、腹部をも掻き切っていた。駆けつけた軍医は、じぶんを別間によんで、「この傷では、どうにも処置ありません。だが、非常に心臓がお強いから、あと二時間ぐらいはもつでしょう。これだけ切られて、まったく奇跡です」(44)

このあと、「閣下、わたくしもお供します」という児玉と「何をいう……わかい者はここで死んではならん」という大西との会話が長々と続く。まるで講談だ。

さらには、軍医があと二、三時間ほどもつといった言葉を受けて、児玉は東京の海軍航空本部から車を出して群馬県の沼田にいる大西の妻を迎えに行かせる。だが、妻の到着の前に、大西は夕昏の中でついに最期の息を引き取ったという。『われかく戦えり』では非常にあっさりしているが、『悪政・銃声・乱世』ではきわめて濃厚で劇的な描写になっている。さる高名なノンフィクション作家はこれを引き写しにしたうえで、さらに尾ひれをつけて、長々と、おどろおどろしく書いている。事実はどうだったのだろうか。

幸運なことに、占領軍文書の児玉ファイルには大西の死亡診断書が残されている。岩立健斎・海軍軍医少佐が書いた死亡診断書では、死因は「頸部切創」だった。(45)つまり、頸動脈を切って出血多量で死亡したのだ。ほとんど即死だったことは間違いない。

死亡場所は東京都渋谷区南平台一一番地で、死亡年日時は、四五年八月一六日午前一一時になっている。大西が午前中から夕暮れ時まで長々と苦しんだのではなかったことを知って、むしろほっとする。

そもそも、軍刀の切っ先で心臓を刺し、さらに喉元をえぐったあとで、腹部を一文字に切ることなど人間技でできるものではない。心臓を刀で刺した時点で即死だろう。実際は、私たちが時代劇でよく見るように、大西は短刀で自ら頸部を切って死んだのだ。

児玉は『われかく戦えり』では事実の通り書いたものの、あまりにもあっさりした大西の死に方が受け入れられず、文飾を施して、より悲劇的な死に書き換えたのだ。あるいは、書き換えたのは児玉ではなくゴーストライターだった可能性もある。

ただし、大西夫人を夫の自決の場まで連れてきて、亡骸を引き渡したことは事実だ。そのあと、児玉の子息の話によれば、児玉は夫人を自宅の離れに住まわせて、かなりあとまで面倒を見ている。

児玉内閣参与となる

『われかく戦えり』によれば、児玉はこのあと、玉音放送を重臣による陰謀と考えて徹底抗戦を主張して愛宕山《あたごやま》に立てこもった飯島与志雄ら尊攘同志会の一団に解散して投降するよう説得にいっている。飯島は児玉自身の言葉によれば、「多年の友人」だった。だが、その甲斐もなく、警官隊が踏み込むのと同時に、彼らは手榴弾を抱いて自爆して果ててしまった。(46)親しかった友人の非業の死を悼むまもなく、今度は東久邇内閣の内閣参与として大車輪の働きをしなければならなかった。

児玉がこの地位につけたのは、以前から東久邇宮の知己を得ていたことと、情報局総裁だった緒方竹虎と外務大臣の地位にあった重光葵の推薦を受けたことが大きかった。

児玉は緒方と戦前から関係があったが、戦時中にも繆斌《みょうひん》工作（対国民党終戦工作の一つ）を通じて結びつきを強めていた。朝日新聞の主筆でもあった緒方との関係から、児玉は上海と日本を行き来するとき同社所有の小型飛行機を使うことがしばしばあったという。これは児玉の子息も筆者に証言している。終戦直後、児玉機関保有のダイヤモンドや貴金属を朝日新聞社の飛行機で上海から日本に運び込んだ、という話があるくらいだ。

重光もまた、児玉を引き立てて、インテリジェンス工作に従事させた外務省情報部長河相達夫の上司で、児玉の戦前・戦中の活動を知る立場にあった。もちろん、彼らは児玉が天皇に忠勤を励む愛国主義者だからというだけで内閣参与にとりたてたのではない。児玉機関が、海軍航空本部のために物資調達を行っており、彼が現金に換えれば巨額になる物資と貴金属・宝石を保有していたからだ。(47)

児玉機関の資産

児玉の複数の著書によれば、児玉機関の資産を海軍に返すと児玉が申し出たとき、米内光政海軍大臣は、「これらのものを返すべき海軍は消滅したのだから、部下と日本のために使ってくれ」といったという。貴金属類に関していうと、大森実（毎日新聞記者）に対して児玉が語ったところによれば、「プラチナとダイヤモンドを二〇箱（箱はみかん箱くらいの大きさ）」を宮内省に運んだといっている。(48)

ところが、宮内省の幹部は、このようなものを所蔵していると、占領軍がやってきたときかえって困ると児玉に苦情をいってきた。このため結局、一週間のちに引き取りにいったという。

しばらくして占領軍がやってきたとき、彼は「半分だけ」渡したとしている。内閣参与に大抜擢を受けた児玉は、残った半分を東久邇内閣のために使ったと見られる。

彼の資産は貯金と生活物資と戦略物資と施設だが、総額で七〇〇〇万円ほどだったという。日本銀行調査統計局の物価指数から換算すると、現在は当時のおよそ四一倍なので、二八億七〇〇〇万円に相当する。

児玉自身は国際検察局の尋問調書の中で、これらの三分の二を児玉機関とその出先組織で働いていた者たちに退職金として与えたと供述している。ということは、児玉自身の手元に残っていたのは二〇〇〇万円強、現在の価値で八億二〇〇〇万円以上となる。

児玉機関が中国に保有していた資産に関していうと、建前上は終戦後すべて現地の国民党に引き渡すことになっていた。大森実によるインタヴューでも、児玉は国民党側に現地で引き渡したと述べている。だが、全部がそうではなかったことが、児玉が関わった密輸事件からのちにわかる。

さらに、国際検察局やCICの調書や衆議院の「不当財産取引調査特別委員会」の（四八年四月七日）議事録は、児玉が中国と日本国内に数ヶ所のタングステンやモリブデンの鉱山を所有していたことを明らかにしている。(49)なぜ、日本にもこうした鉱山を持っていたのかというと、四四年頃にはアメリカ海軍のために日本の海上輸送網が壊滅的状況に陥ったので、もはや中国大陸からこれらの戦略物資を日本に運ぶことができなくなったからだ。質は悪いことを知りつつも、日本で鉱山開発をせざるをえなかったのだ。

児玉の政治活動

児玉は終戦後政治活動も活発に行っていた。鳩山一郎が保守系政党の日本自由党を立ち上げようとしたとき、児玉が相当額の資金を提供したことはよく知られている。国際検察局の文書では児玉が所有していた資産の半分にあたる一〇〇〇万円（現在の四億一〇〇〇万円）ほどを鳩山に提供したとされている。(50)かなりの大金だが、援助はこの一回だけではなかった。これ以降も、適宜宝石や貴金属を処分して党を立ち上げたのちも資金を供給しつづけた。

鳩山の番頭格の河野一郎とダイヤモンドを売り歩いて日本自由党の選挙資金を調達したとも後に話している（前出、大森のインタヴュー）。児玉が日本自由党に提供した政治資金は、合計で七〇〇〇万円にのぼるとも語っている。

鳩山は児玉に政治資金の提供の見返りに何を望むかと聞いた。児玉は「天皇制を守り抜くように」と答えたという。児玉にとっては、天皇制を廃止するということは、日本の国のあり方が変わり、弱体化してしまうことを意味した。天皇制があったからこそ日本はアジアの盟主になれたのだ、と彼は若い頃から信じていた。

児玉が米内に「彼が持っている資産を部下と日本の国のために使え」といわれたとき、彼が考えた「日本のため」とは、「国体の護持」、つまり天皇制を残すことによって、日本がアジアの強国として復活する道を残すことだった。そのためにこそ彼は参与として東久邇内閣を資金面で支え、保守系政党日本自由党に立ち上げ資金を提供し、その後もこの政党を政権与党にするため資金を供給し続けようと決心したのだ。

興味深いのは、児玉が鳩山に提供したこの資金が、鳩山を通じて労働運動家の西尾末広にまで流れ、日本社会党の設立資金のかなりの部分をまかなったということだ。このことは、歴史学者松尾尊兊《たかよし》が『本倉』の中で、京都府警察署の内部文書に基づいて指摘している事実だ。(51)右翼の大物というイメージが強い児玉が間接的ながら、社会党の生みの親でもあったということになる。

児玉はこの他にも日本国民党という自前の国粋主義的団体を立ち上げている。だが、日本の政治を動かして行くのは自分の党ではなく、鳩山の自由党だということはよく理解していた。

このような児玉をGHQは次第に危険視するようになった。彼らの目には、児玉が戦争によって蓄えた資産をバラまいて、戦前・戦中の超国家主義者や国粋主義者を復活させようとしていると映ったのだ。そこで、GHQは彼をA級戦犯容疑者として逮捕し、巣鴨プリズンに隔離することにした。一九四六年一月二五日、児玉は逮捕され巣鴨プリズンに収監された。収監の理由を国際検察局のウォードルフは次のように述べている。

長年にわたり暴力や演説や著作や国家主義的結社での指導力を通じて侵略を助長してき

た記録があり、かつ、最近の政治結社作りや発言が将来の治安にとって脅威となるがゆえに彼を逮捕すべきである。(52)

占領軍が進めていた「民主化」とは、旧体制とそれに結びついた勢力をひとまず打倒することにある。だから、児玉が右翼主義者や保守政治家に資金を提供し、彼らが以前の勢いを取り戻すことは「将来の治安にとって脅威」となると考えたのだ。

巣鴨からの釈放

国際検察局の尋問調書を読むと、当初国際検察局は児玉に対して、戦争を利用した不正蓄財と、アヘンを用いたブラック・マーケットからの物資調達という容疑をかけた。だが、これは白という結論がでた。

しかし、アメリカは児玉を塀の外に出したくなかった。そこで国際検察局は、中国人に対する残虐行為や強制労働の容疑を児玉にかけた。このために取調官のフランク・オニールとエドワード・P・モナハンが四八年七月初旬に中国に出張して調査したが、児玉を有罪とする証拠も証言も得られなかった。(53)それでも、児玉を外に出したくないG

HQは、検察官に日本の右翼団体やその思想についていろいろと聞き出させて時間を稼いだ。それも終わって、ようやく四八年一二月二四日に児玉は巣鴨プリズンから出ることができた。同じ日に、岸信介や笹川良一も釈放されている。

『真相』という当時の暴露雑誌によれば、児玉の部下たちは、彼がまさか生きて出てくると思っていなかったので、児玉機関の資産を使って勝手なことをしていたという。このため、児玉の出獄後、彼と部下のあいだにいざこざが起こったということだ。(54)ちなみに『真相』はCICやG－2も一定の信頼性を認めていて、しばしば情報源として使用していた。ともあれ、児玉は再び活発に活動し始めた。彼は物資と資金と人脈を持っていたので、旧軍人や政治家や闇ビジネス関係の人間が彼を放っておかなかったのだ。

児玉の秘密活動

児玉は九州と東京と北海道に拠点を設け、日本を共産主義者の脅威から守るための工作を開始した。CIC報告書によれば、その工作の九州のアジトを元海軍中尉・三上卓に任せていた。(55)

児玉は工作資金を得るため、さまざまな物資の売買、密輸や密売も盛んに行った。例を挙げれば、緑産業や大公貿易といった会社を立ち上げ、かつて扱っていたようなもの、つまりタングステンやモリブデンなどを売買するというものだ。そのほかの密貿易にも多く関わった。もともと彼は、物資・資金調達と輸送を得意とした。

また、彼は終戦時、児玉機関が保有する物資の一部を隠匿していたので、それを売りさばいて、当座の工作資金にあてていた。物資の買い手は国民党や占領軍ばかりでなく、共産党軍、朝鮮、沖縄、インドシナにまで及んでいた。

国民党軍と共産党軍の海南島争奪戦では、「国民党に鉄条網を送った」と児玉は前述の大森とのインタヴューで語っている。これは、児玉個人の密輸なのか、国民党のための物資輸送なのかわからない。いずれにしても、この取引から当時としては莫大な利益をあげた。

その一方「日本自由党の生みの親」として、鳩山政権実現のために動き回った。日本自由党は児玉が鳩山に渡した資金のおかげで党勢を拡大し政権与党になったが、肝心の鳩山は総理の椅子に手をかけたとたん、GHQにパージされて総理大臣になれなかった。一説には吉田茂が、「鳩山は児玉のような輩から資金を得ている」とGHQに告げ口したのが原因だといわれている。児玉が巣鴨から出てきたとき日本自由党は政権与党となっていたが、総理大臣は吉田茂になっていた。鳩山派は党内野党となり、政権奪還を目指すことになった。

李鉎源と二・二八事件

四九年のある日、児玉は李《り》鉎源《せいげん》という台湾人と知り合う。児玉の情報・密輸ネットワークにひっかかってきたのだ。『日本夕刊』の記事によると、上海出身の父を持つ大陸系台湾人（といっても日本統治下では日本人）だが、日本で高等教育を受けていたという。(56)

李は、台湾総督だった明石元二郎が作った「東亜修好会」のメンバーで、日本留学中、明石にかわいがられていた。明石は日露戦争の前後、反政府指導者レーニンに活動資金を渡して帝政ロシアを崩壊させる工作をしたことで知られる。

前述記事は、李が日本へ来た目的は、「内戦」のために必要な日本人指揮官と武器を手に入れることだったとしている。「内戦」については説明がいるだろう。

国共内戦のさなか、国民党の将軍陳儀が、日本の敗戦後に支配者として台湾にやってきた。その軍隊は、制服も装備も態度もしっかりしていた日本軍を見慣れた本省人（四五年九月二日までは台湾系日本人）から見るならば、まるで「こじきの集団」だった。身なりが悪いだけでなく、心がけも悪く、現地人から略奪搾取をし始めた。台湾の人々（本省人）は当時の気持ちをよく、このように表現する。「犬（日本軍）がいなくなって豚（国民党軍）がやってきた。犬は守ってくれるが豚は貪《むさぼ》り食うだけだ」

やがて、彼らの中には国民党軍を追い出して独立するか、アメリカか日本の支配下に入ったほうがいい、と考えるものがでてきた。台湾に次第に不穏な空気が流れ始めた。

そんなとき起きたのが二・二八事件だった。四七年二月二八日、台北市で一人の現地人の老婆が街頭でタバコを売っていた。国民党軍は台湾に来ると勝手にタバコに重税をかけたので、安い「闇タバコ」はよく売れていた。

老婆は国民党軍の兵士に見咎められた。兵士は老婆からタバコと売り上げを奪っただけでなく、銃床で殴り始めた。老婆は血まみれになった。それを近くで見ていた現地人たちは、堪えきれずに国民党の兵士に襲い掛かった。その群集に向けて国民党軍が発砲した。大規模な現地人と国民党軍との衝突に発展していった。

現地人たちは、日本の軍服を着て、放送局から日本海軍の軍艦マーチを流すなどして、国民党軍に抵抗した。蔣介石は鎮圧のために二個師団と憲兵隊を送り、白色テロ（権力側からのテロ）でこれに対抗した。数万人の現地人が虐殺された。

李はこのような「内戦」の混乱の中、台湾を脱出し、国民党と戦うための武器と指揮官を得るために、日本人にまぎれて帰還船で日本に来たと見られる。とはいえ、もともと遊び好きだったらしく、日本や中国の大物の名前を出しては、料亭で旧軍人などに傭兵の話で気を引いて、金を騙し取っていたともいわれる。(57)

李はなかなか求めているものを手に入れることができず、資金も尽きようとしていた。そんなとき戦前からの知り合いだった明石元長が救いの手を差し伸べてくれた。元長は明石元二郎の息子だ。

元長は李に、元支那派遣軍総参謀副長で岡村寧次の副官だった今井武夫元陸軍大佐を紹介してくれた。(58)今井は終戦期に児玉や緒方とともに、前述の繆斌工作に関わっていた。当然、児玉とは旧知の仲であり、今井経由で李は児玉とも知り合うことになる。

前述の通り、当時の児玉は東京、九州、北海道に拠点を設けて台湾や朝鮮などと密貿易を手広く行っていた。その「商品」には、武器も含まれていたので、今井はこのことを念頭に置いて李に児玉を紹介したのだろう。李に運が開けてきた。

このような活動をアメリカ側はどう見ていたか。少なくともCICは、李を国民党ではなく「台湾独立連盟」の工作員と見ていた。それは、次のCIC報告書からもわかる。

信頼できる情報筋によれば台湾独立連盟は児玉誉士夫と台湾人（筆者註・李銈源のこと）が活動している運動である。この計画は次のことを目標としている。

1．台湾をアメリカの勢力下におく。
2．武力によって台湾を独立させる。
3．台湾をアジアの反共産主義の基地とする。(59)

この文書は、国民党や中国共産党の支配下に入るのではなく、むしろアメリカの勢力下で独立したいという台湾人の運動があり、それに児玉が加担していたことを示している。

しかし、旧日本軍人は、共産党軍やソ連軍に対抗できるのは国民党しかないということで、国民党支援はしても、それとはベクトルが逆の台湾独立運動などに理解を示すものは少なかった。そこで、李は台湾独立運動の志士ではなく、国民党の密使や大物の知り合いを名乗ったのだろう。

なぜ根本は台湾に行ったのか

今井は李に、児玉の他にも重要な人物を紹介した。元蒙古駐留軍司令官兼北支那方面軍司令官にして、山岡道武たちの「特務団」に了承を与えた根本博である。当時、根本のほうは、李の動きとは関係なく、義勇軍を作って山西残留軍救出に赴こう、という意思を固めていたと考えられる。根本には残留軍が陥っている窮状に一定の責任があるといえるし、そのように感じてもいたはずだからだ。そこに、日本人指揮官を台湾に連れて行こうとしている李がやってきたのだ。

一説には、李が閻の部下である傅作義将軍の名前を出したとか、蔣介石の偽書を見せたとかいうが、そうであったとしても、李は根本を台湾に連れて行き、なんとか本人をその気にさせて、台湾独立のために戦わせるつもりだった。こうして、李は四九年の三月上旬に東京の鶴川にある根本の自宅を訪ねた。(60)李は根本に蔣介石を助けるためだとして、台湾行きを要請した。もちろん、本音をいえば根本が渋るので、嘘をついたのだ。

なぜ、山西など中国本土に残る旧日本軍救出に赴きたい根本がこれを受け入れたのかといえば、当時国民党が確実に押さえていた唯一の地域が台湾だったからだ。まずは反攻の拠点としてここを確保したのち、状況に応じて飛行機や船舶などで中国大陸に日本人義勇軍やそれを中核とする部隊を送るというのが、国民党の幹部と旧日本軍の高級軍人の考え方だった。国民党軍の負け方はそれほど酷かった。こうして、根本は李と児玉の手引きで、ひとまず台湾に密航することを決意する。

児玉は李を信用していなかった

注目すべきは、この李に対する児玉の評価だ。『日本夕刊』の記事に拠れば、児玉は李に四〇万円もの資金援助を与えている。(61)そのわりには、児玉の李に対する評価は低かった。児玉は、前出の大森のインタヴューの中でこう語っている。

児玉　あれはね、こういうとぼけた野郎がいたんです。(字を書きながら)李でしょう。いま(筆者註・七四年五月二五日現在)でもいますよ。李鉎源です。李鉎源という台湾、中国人かな。これは日本語がうまいやつでね。日本へひょこっとやって来たんです。終戦後。で、「台湾に義勇兵を出してくれ」といって、それで、「賀陽宮さんにも話してある」

というからね、（中略）そういうところへ持って行ったんならおれのところへ持ってこなくてもいいじゃないか」といったら、「いや、あなたに頼みたい。日本から将軍二人くらいと、台湾の防衛のために義勇兵を作って……」と。

大森　防衛ですか、あれは。

児玉　防衛、防衛。

大森　韓国の済州島から青島を爆撃する（大陸逆反攻）ということじゃないんですか。

児玉　じゃないんですね。防衛……防衛といいましたよ、確か。守ってると。（中略）

大森　これは張群（蔣総統の秘書長）の弟子かなんかですか。

児玉　そうでもないですよ。しょっちゅう手紙なんかくるけど、キツネを馬に乗せたやつですよ、これは。（中略）それからぼくはね、こいつ盛んに賀陽宮やなんかと酒を飲んで歩くものですから、これはダメだと思って、「おれはカネはやる。要るだけいまいえ。カネはやる。あとはおまえやれ。おれは行かない。おまえが勝手に人を集めていけ。根本さんもよかろうし、だれでもよかろう。おれはこれでノー・タッチだ」と。これは（筆者註・信頼できる）人物じゃないと見たんです。(48)

この当時の日本では、台湾防衛といえば通常、中国共産党軍から台湾を守ることを指していた。その主体は国民党軍である。しかし、李が台湾人（終戦前は「台湾系日本人」）であることを考えると、国民党のテロから現地の人々を防衛することともとれる。

児玉は戦時中に砂糖も扱っていたので、砂糖の産地である台湾に親しい友人が多くいた。彼らは日本軍が引き揚げたあとやって来た、略奪・搾取をこととする国民党の圧政に苦しんでいた。政治的には共産党と戦う国民党を支持しなければならないと思いつつも、児玉の同情は台湾独立派に向けられていた。

それに、児玉は沖縄や台湾方面と密貿易をしていた。李が武器のことに言及し、今井が彼を児玉に紹介したことからもわかるように、児玉は彼を密輸のパートナーとして、あるいは台湾に着いたのちはパートナーになりうる人物としても考えていた。李を怪しいと思いつつも、彼を援助したのはこのような理由からだ。

第五章 「国際義勇軍」と警察予備隊――大きな絵

山西残留軍の最後

四九年四月、これまで見てきた四枚の絵が一つになり、これまでに登場した人物たちもその絵の中でつながり始めた。

一枚目の絵の主人公の一人である澄田が米軍機で太原を去ってから二ヶ月余の四九年四月二三日、山西残留軍はいよいよ最後のときを迎えていた。終戦当時、兵科見習士官だった山下正男はそれを次のように描写している。

四方から撃ち込まれる砲弾に、城壁はつぎつぎに崩され、その崩れ落ちる音が伝わってきました。山西軍側の発火点が一つまた一つと沈黙し、だんだんまばらになっていきます。

そのうちに火薬庫がやられて、巨大な音響と共に、炎と黒煙が天高く吹き上げました。(中略)薄紫の砲煙のたなびく靄のなかに、太原の街はひっそり静まっていました。(62)

「発火点が一つまた一つと沈黙し」ということは、共産党軍に発砲していた日本人兵士が一人、また一人と死を遂げたということだ。また、火薬庫が大爆発したということは、もはや弾薬もなく反撃もできなくなるということだ。

翌日には、ついに山西残留軍は共産党軍の前に壊滅した。それはこう描かれている。

最初に太原の周囲の城壁めがけて、いっせいに援護の集中砲撃が火ぶたを切って落としました。大地を揺り動かす轟音が一刻も休みなく続きます。城壁の発火点も懸命に応戦しますが、またたくまに圧倒され、片端から打ち崩されていきます。大東門・小東門一帯の堅固だった城壁が次々と崩されていきました。(中略)

太原城がこうして刻々と鉄の輪で締め上げられていくのが手に取るようにわかります。

太原城の周囲はすべて紅旗で埋め尽くされました。(中略)

今村方策第十総隊司令ほか日本人幹部は、蜂の巣のように破壊された元第一軍司令部の建物のなかで、人民解放軍に投降しました。
残留した日本軍のうち、五五〇名が死亡し、七〇〇〇人以上が人民解放軍の捕虜となりました。

この三日後、今村は「（澄田）閣下にだまされた」と言い残して服毒自殺した。残りの日本兵は一時、太原の収容所に入れられたあと華北軍区訓練所に移され、「坦白」（戦争中中国人に行った罪、ない場合は思いついた罪を告白すること）を強制されたり、思想教育を施されたりした。彼らが日本に帰されるのは、高度成長が始まった五五年前後だった。

岡村・澄田の秘密の会合

今村が「だまされた」と思うのも無理はないが、実際には澄田は、ある時点まで残留兵救出のために奔走していた。山西を離れるとき、「二万の義勇軍を連れて戻ってくる」といって部下を残してきた手前、彼は帰国直後から山西からの帰還兵（およそ六万人いたという）に残留兵救出の「義勇軍」に志願するよう猛烈に働きかけていた。だが、一旦日本に帰国し、それなりに落ち着いた帰還者に、もう一度山西の戦場に赴いてくれと頼んでも、それは無理というものだった。

『真相』によれば、岡村は四九年三月に東京有楽町のスバル座となりのスバル喫茶店で関係者五〇人を集めて「義勇軍」の募集や編成などについて話し合うために第一回会合を開いていたという。(63)彼はＧ－２から特別に貰ったストレプトマイシンの効果もあって、このような会合に出席するくらいまで回復していたようだ。

一方、澄田は山西関係者に残留兵救出を働きかけるのにかけずり回っていたらしく、この一回目の会合には出席していなかった。

李が根本を訪ねたのはこの前後だ。李の根本への働きかけは、岡村・澄田の動きとは直接的には関係ない。だが根本は岡村・澄田の動きを知っていた。

根本は李の手引きで、とりあえず共産党軍の力が及んでいない台湾へ行き、蔣介石に願い出て、船か飛行機で中国大陸に送ってもらおうと思ったようだ。事実、あとで見るように、このころ国民党軍が特に「義勇兵」として日本に求めていたのは飛行機のパイロットや技術者だった。李の素性は怪しいけれども、彼を利用して、とりあえずは台湾までは行ってみよう、と根本は決意したのだろう。

山西残留軍救出義勇軍は「参謀団」となった

このおよそ一ヶ月後、スバル喫茶店で岡村たちの第二回の会合が開かれた。このときは澄田と山岡がともに参加している。そして、一足飛びに「義勇軍」というよりは、まず旧日本軍の佐官クラスを集めた「参謀団」を編成すること、そのために月に一回会合を持ち続けることを決めた。(64)つまり、岡村・澄田が募兵してもなかなか応募してこないのだから、個人的つながりから佐官クラスの旧軍人に働きかけ、少人数の「参謀団」を作ることから始めようということだ。

このことは、岡村・澄田が、この段階で、彼らの目的の主であった山西残留兵救出をあきらめ、従であった国民党軍支援を主とすることにしたことをも意味する。この章の冒頭に見たように、四月下旬には山西残留兵たちはほぼ壊滅状態にあった。したがって、この時には大規模な「義勇軍」を編成して救出に向かう必要性は低くなっていた。

また、まだ現地で戦っているかもしれない少数の残留兵たちの救出よりも、凋落の一途をたどっている国民党軍に旧日本軍の高級軍人たちから成る「参謀団」を送って梃入れするほうが実際的だ、と岡村・澄田が考えたとしてもおかしくない。

これは残留兵から見れば裏切りだが、もともと指揮官とはこのような非情な判断を下す人種だ。といっても、彼らは「義勇軍」をあきらめたわけではなく、十分な応募者が集まれば、「参謀団」から「義勇軍」にまでもっていくつもりだった。

国民党軍が共産党軍の攻勢に持ちこたえることができず、台湾さえも失って消滅することがあれば、日本はソ連からもアメリカからも独立した第三極を築くための重要なパートナーを失うことになる。日本はアメリカの占領から解放されたあと、ソ連と共産化した中国の脅威に直接的にさらされることになる。

だから、いずれは「義勇軍」を台湾に送って国民党を支援し、国民党が頽勢を挽回して、大陸反攻に移るならば、一緒に大陸に渡って共産党軍追討を行うつもりだった。「参謀団」派遣は、そこに至るまでの前段階だ。

一方、国民党のほうも、台湾だけでも死守するために、日本の旧軍人たちを集めて、「義勇軍」を作ることを本気で考え始めた。このため、東京の中華民国代表部のトップは商震《しょうしん》から朱世明《しゅせいめい》に交代し、南京で岡村や辻の連絡役を務めた曹がやってきた。(65)ただし、台湾側は、岡村・澄田がまず「参謀団」を先行させ、「義勇軍」を後回しにしたことは、この段階では知らされていなかったようだ。

いずれにせよ、これによって岡村・澄田らの「参謀団」を作る動きは、中華民国東京代表部、そしてそのエージェントとして活動をしている辰巳、土居、辻とも関わることになった。これで一枚目の絵と二枚目の絵が重なった。

さらに、辰巳の背後には三枚目の絵の主人公たちが属している河辺機関とKATO機関があり、辻の背後には、やはり三枚目の絵の主人公の一人である服部が作った服部機関があるので、これに三枚目の絵が重なることになる。

「参謀団」は宇垣機関とKATO機関の工作となった

これまで見てきたように、これらの主人公たちの動機と目的は、共通の部分があったものの、もともとは別々のものだった。

岡村・澄田は山西に残した同胞の救出を主目的とし、国民党支援はそれに対して従だった。だが、そもそも山西残留軍の目的は、親日的山西独立国建設のために共産党軍と戦うことだったので、主とか従とかいっても、一連のものだ。

辻はといえば、東亜連盟の理想を実現すべく、ソ連と併せた巨大な共産圏がアジアに出現しないように国民党とともに毛沢東の共産党軍と戦い、これを退けることを目指していた。

宇垣一派は、日本が米ソの戦争に巻き込まれないように自前の軍隊を持つこと、その前段階として、国際的色彩を持った「義勇新軍」を結成しようとしていた。そしてG-2は、彼らの活動を自らの共産主義との戦いに最大限利用しようと思っていた。

岡村・澄田が「義勇軍」の目的を山西残留軍救出から国民党支援に切り替え、有末機関をその受け皿とした段階で、彼らの募兵工作は、国民党、辻と辰巳、KATO機関、有末機関、服部機関が関わる反共産主義工作に発展していった。しかも、この工作の中で、日本と国民党とアメリカが、結果として合同することになるのだ。

旧日本軍人と国民党の見地からすれば、この工作は単に共産党軍に対する国民党軍の反攻を支援するに留まらず、国民党軍と旧日本軍人が一緒になって、第三極の芽を残すための「東亜連盟」的運動だった。これは宇垣の影響もあっただろうが、岡村自身の考えでもあった。この「東亜連盟」的「義勇軍」設立の動きにおいて、旧日本軍人と国民党の利害は一致していたのだ。

また、GHQの中の、特にG-2から見るならば、共産党軍と戦う国民党を支援する点では、日本の旧軍人たちと彼らの利害は一致していた。だが、本国政府自体は台湾中立化政策（アメリカは国民党と共産党の内戦には干渉せず、台湾に関しては中立の立場をとる）をとっていたので、一致を見たのはGHQのG－2であって、アメリカ本国政府でも、GHQ内部のGS（社会主義的傾向を持っていてG－2と対立していた）でもないと断わっておこう。

さらにいえば、アジアに第三極を作るという計画に関しては、旧日本軍人と国民党は、アメリカ政府はもちろんのことG－2とも利害が一致していなかった。G－2を含め、アメリカ側にとっての利益とは、日本と台湾を共産主義への防波堤にすること、アメリカのアジア戦略にとって重要な衛星国にすることだ。仇敵同士だった旧日本軍人と国民党が手を結んで、アジアに第三極を作ること、とりわけ日本の旧軍閥がその中核となり、アメリカから独立した軍事勢力が形成されることは望んでいなかった。

いずれにせよ、前に見た三枚の絵が一つの大きな絵になってきた。

四枚目の絵も重なった

四九年四月二八日、上野の寛永寺に学生服姿の若者が三八人ほど集まった。(66)この団体は海外同胞引揚救護学生同盟という。三上卓が作ったもので、資金は勵志社からでていたという。三上は前章で見たように、児玉の部下として九州で工作に携わっていた。

勵志社は、元陸軍の特務機関員だった川口忠篤が作った中国共産党と戦うための結社である。川口がより深くこの問題に関わっていたことは、あとで詳しく見る。

学生を前に次のような檄を飛ばしたのは、澄田と一緒に山西省から帰国した元陸軍少尉の岡野だった。

「諸君の壮行は日本本来の主張と閻錫山先生の大アジア主義に通じるもので、反共戦線の最先端に捨石となって赴くものである」

この四月二八日の段階では山西残留軍は壊滅しているので、これらの学生たちが向かうよういわれたのは、山西ではなく、台湾だった。まず、安全が確保されている台湾に行って、そこで、国民党と相談の上、中国本土に向かうなり、向かえるような状況になければ、しばらくそこに留まるなりするはずだった。

旧日本軍人ではなく学生に「反共戦線の最先端に捨石となって赴く」よう呼びかけたのも、澄田が山西にいた旧日本軍関係者に残留兵の救出のために立ち上がるように呼びかけても応じる者がなかったので、理想主義的で血気盛んな学生ならば、共産主義との戦いに進んで身を投じるのではないか、と思ったからだろう。

不安の色を隠せない学生たちに、岡野は「根本閣下も一緒だから」と付け足して背中を押したという。これは重要なことを示唆している。つまり、岡野は、李と根本が会ったこと、そして根本の台湾行きの決意を四月二八日の、この時点で知っていたことになる。

たしかに、前章で見たように、根本は三月上旬に李の訪問を受けて渡台を決意している。だが、根本が姿を消すのは五月八日なので、この決起の時点ではまだ自宅にいた。つまり、岡野のこの募兵の動きは、根本の動きとつながっていたのだ。

この学生による「第一班」は翌日飛行機で台湾に向かった。これが無事台湾に着いたことが確認されると、続いて学生四〇人、中島飛行機（戦時中戦闘機を作っていた）の技術者八人が第二班として台湾に送られた。(67)新華社は「台中飛行場に日本人飛行士が行うようよしている」と報じた。この日本人パイロットの台湾への派遣は、国民党幹部が日本にある国民党代表部に送った指令によるものだった。その証拠に、前にも見たが、CIC報告書には次のような記述がある。

四九年四月二〇日、杭州の中国国民党の最高諮問会議が日本人パイロットを台湾に送ることを決めた。そして、この決定が四月二三日上海から東京の中国国民党代表部に伝えられた。この工作に岡村寧次元大将と辻と児玉が使われることになった。(68)

つまり、岡野や三上は、国民党の指令を受けて、日本人技術者やパイロットを台湾に送ったのだ。そして、この秘密工作には岡村や辻の他に児玉も関わっていた。こうして、ついに四枚目の絵も、一枚目、二枚目、三枚目と重なったのである。

根本一行は暴発気味の「参謀団」だった

五月八日、根本は釣竿を持って、東京都鶴川の自宅から姿を消した。彼は鹿児島行きの汽車に乗り、博多で降りた。そのあとは博多在住の明石元長を頼っている。そこで、根本は九州で他の同行者と合流している。

根本の同行者が何人で誰だったかについてはいろいろな説があるが、『日本夕刊』によれば、台湾に向かった時点での根本の同行者は以下の八人だったという。

吉川源三(軍人)

浅田哲（軍人）
岡本秀俊（飛行学校教官）
李銈源（台湾独立運動の志士）
吉村是二（根本と中国時代からの知り合いで通訳）
中尾一之（児玉の部下。沖縄貿易をしていた）
貼佐廸夫（沖縄密貿易関係者）
照屋林蔚（沖縄の名門出身で漁業界の大物）(69)

根本を支援していたのが明石だったこと、吉川、浅田、岡本、吉村の四人は「参謀」レベルだったことから、この新聞記事の記述は「参謀団」について書いている前述『真相』の記事と合致している。(70)

「参謀」とはいえない民間人の四人は、中国語通訳と沖縄周辺と台湾の案内役ということで説明がつく。特に中尾は、武器密輸のために児玉から一行に加わるようにいわれたという。(71)たしかに、一行は途中までは六人だったが、最終段階で二人増えている。

この当時の沖縄周辺で密貿易が盛んだったことは、奥野修司の『ナツコ　沖縄密貿易の女王』を読むとよくわかる。台湾に海路でたどり着くためには沖縄周辺海域を通らなければならないが、それには沖縄の密貿易に通じたものの水先案内が必要だったのだ。中尾が児玉の意向で一行に加えられたことからも暗示されているように、根本らの船は日本から何か物資を積み込み、沖縄周辺でひと商売して、その利益でさらに物資を調達して台湾に向かう計画だった可能性がある。

根本一行は、岡村・澄田らの計画した「参謀団」の暴発気味の第一弾だったと見られる。このようにいうのは、根本が出奔した段階では、岡村・澄田と台湾側の間はおろか、日本側でさえも「参謀団」派遣について十分な話し合いが行われていなかったからだ。

事実、『真相』の記述によれば、岡村・澄田が次のような方針を決定したのは、根本が姿を消した五月ではなく、六月になってからのことだ。

　岡村、根本、村辺（繁一）らは中国側と熱海和光園に会談を重ね、ついに根本はじめ吉川、吉岡ら六名が指揮参謀団を編成して渡航することになった。（中略）問題はいつ何処から渡るかであるが、連絡では六月末までにという達示であった。(72)

たしかに、根本たちは六月末ころに宮崎県の延岡沖から密出国している。

つまり、三月に李が根本を説得し、そのあと児玉が根本らの台湾への密航を手配したのだが、岡村・澄田は、六月になってようやく日本側（有末機関やKATO機関）と台湾側に、「義勇軍」（「参謀団」はその一部）の編成と派遣について話し合っている。

ただし、この記事では、日本側は具体的人名が挙がっているのに対し、台湾側は「中国側」としか書かれておらず、誰なのかは明らかになっていない。したがって、本当に台湾側と話したのか、とりあえずは「参謀団」でいくこと、根本一行を派遣することがしっかり相手に伝わっていたのか疑わしい。あとで起こったことから考えると伝わっていなかったようだ。これについては、あとで述べる。

宇垣の周辺が「義勇軍」の派遣に関して抱いていた思惑については、CIC報告書に次のような興味深い記述がある。


大川周明は宇垣を総理大臣にするよう賀陽宮と東久邇宮を動かしている。宇垣の追放を解除させるために大川は児玉と手を携えている。元陸軍中将根本も宇垣のパージを解除するための活動を行うために中国に派遣された。(73)

つまり、根本の台湾渡航も、宇垣の追放を解除し、宇垣政権を樹立するために行ったということになる。根本の派遣と宇垣の追放解除の関係は一見わかりにくいが、次のような理屈である。旧日本軍人が共産党軍と戦う蔣介石政権を支える活動をすれば、その頭目たる宇垣に対するGHQ（特にG－2）の覚えはめでたくなる。これによって宇垣の追放は解除され、総理大臣への道が開ける。国際的「義勇新軍」（岡村・澄田にとっては「義勇軍」）が実現するという論理だ。

根本一行はなぜ資金難だったのか

このあと、根本ら一行は、「参謀団」の第一弾として九州から台湾に進発する。だが、彼らは極度の資金難に苦しんでいた。ここからも、国民党側は岡村・澄田が「参謀団」を送ることにしたこと、そして根本ら一行が「参謀団」であることを、この段階では知らされていなかったと推察できる。日本側と国民党側の間に連絡がついていて、根本一行に資金が与えられていたなら、このようなことはありえないからだ。(74)

彼らが、直接台湾に行かず、まず九州に行ったのも、自分たちで金策する必要があったからだ。彼らは九州に着いたあとも、大分に行ったり、延岡に行ったり、福岡に引き返したりして時間を費やしている。この間、彼らは前述の明石はもちろんのこと、照屋の妻の敏子からも資金援助（一〇万円）を受けている。敏子は、この当時、五島列島付近の漁業が、占領政策や韓国漁民の横暴によって壊滅状態にあったので、照屋傘下の沖縄の漁民を引き連れてきて当地の漁民団の女ボスになっていた。

前に見た児玉―大森のインタヴューと『日本夕刊』の記事での児玉の証言からすると、李には児玉からも四〇万円の軍資金が渡っていた。児玉は、さらに彼らの渡台のための捷信號（台湾船籍）まで用意していた。(75)それなのに、わずか八人の「参謀団」が、なぜこうも金欠だったのだろうか。

国民党から資金を得ていなかったことのほかに、可能性として考えられるのは、李が武器調達で使い果たしたか、台湾独立連盟の軍資金に流用したかのいずれか、もしくはその両方だったということだろう。

「明石メモ」によれば、六月二一日前後に一行はＣＩＣに拘束され、しばらく活動できなくなってさえいる。(76)おそらくは武器を調達していたのだろう。だが、彼らは前に述べたＫＡＴＯ機関との関係で、「ブツ」は没収されただろうが、逮捕はされなかった。

根本の台湾到着と「国際義勇軍」

四九年六月二六日、一行はようやく延岡から、李の知り合いの台湾人李麒麟の二六トンの捷信號で台湾に向けて船出した。

その後この船は種子島沖を通り、アメリカ統治下にあった奄美大島や沖永良部島や沖縄本島を避けて、久米島に向かった。このようなルートをとったのは、やはり船になにか人に見られたくないものを積んでいたからだろう。

GHQ支配下とはいえ沖縄軍区に入った場合、連絡がいっていないと捕まる恐れがあるからだ。実際には連絡がついていたようで、沖縄群島を通過中に浸水し、沈没寸前になっているところをアメリカの沿岸警備隊に助けられている。しかも、アメリカ軍は、彼らを逮捕するどころか、軍艦で基隆《キールン》まで送り届けたという。(77)

根本一行は台湾に着くと、たちまち官憲に密入国者として逮捕され収監されてしまった。やはり、岡村・澄田と国民党との間に十分な連絡がとれていなかったのだ。加えて、彼らは台湾独立運動の志士である李と一緒にいた。逮捕される十分な理由があった。

こののち、李がどうなったかは不明である。ただ数年後、無事に生きていて、やはり反国民党の立場から国会議員になろうと政治活動をしていたことがわかっている。

根本たちはといえば、台湾を救うためにやってきたと大言壮語している日本人密入国者のことが国民党軍の鈕先銘《ちゅうせんめい》中将の耳に入り、彼らの到着から二週間後にようやく牢から出してもらえた。

釈放後の一行は、温泉で有名な北投《ペイトウ》の宿舎に送られた。だが、国民党幹部は根本たちをそのまましばらく放置したので、彼らはそこで無聊《ぶりょう》をかこつことになる。

『「白団」物語』によれば、こんな日が続いていた七月中旬ころのある日、東京の中華民国代表部が岡村に、次のような趣旨の手紙を送ってきたという。

　現在大陸にては不幸、国府軍は各地の戦闘意のごとくならず日々敗北をつづけている。いちおう奥地の四川、雲南、貴州と広東、広西地区を確保して持久を策すが、長江（揚子江）下流、南京、上海の江南地区の兵力と要人とは台湾に後退せしめ再編を図りたい。就いては再編に関して日本の旧軍人の同志のご協力を得たい。(78)

この手紙に対する返事を聞くために、中華民国代表部にいた曹が岡村の病室を訪れた。

曹は「正式に日本将兵を招集し国際反共同盟軍を組織して、共産党に反撃すること」を岡村に要請した。つまり、台湾防衛のために日本から旧軍人を募兵して、日本、国民党、アメリカと反共産主義の同盟軍を作り、これによっていまや中国の支配者になった共産党と戦おうというのだ。

このことからも、六月に熱海の和光園で岡村、根本、村辺らがした「参謀団」についての議論に国民党側は加わっていなかったか、加わっていても重要人物ではなかったことがわかる。曹クラスの人間が話し合いに参加していたのであれば、七月中旬のこのころになって改めて「日本の旧軍人の同志」の協力を要請する必要はないからだ。

曹の要請に対し、岡村は「反共というものはJACじゃなければだめだ、J＝ジャパン、A＝アメリカ、C＝チャイナ、JAC合作の政策をとらないと反共はできない」と述べたという。[79]この「国際反共同盟軍」が、宇垣（および彼のもとにある秘密機関）が目指していた国際的「義勇新軍」のイメージと重なることはいうまでもない。

宇垣もアメリカ軍にある程度依存しつつも、米ソの争いに巻き込まれることを防ぐような「義勇新軍」を考えていた。日本がアメリカに占領されている現実と当時のアジアの軍事状況に鑑みて、アメリカを抜きに共産主義国の脅威に対処することは不可能なことから、アメリカと連携しなければならないことを謳っているが、時が経てばアメリカ抜きの「東亜連盟軍」に発展させることを望んでいた。

実際、あとで詳しく見るように、服部も日本が十分国力を回復した段階では、国防軍を「東亜連盟軍」的なものにするつもりだった。つまり、一国が自国を守る国防軍ではなく、アジアの数ヶ国が当該国を含む第三極を守る「東亜連盟軍」なのだ。たしかに、それによってしか共産党軍の破竹の勢いを止め、アメリカでもなくソ連でもない第三の勢力をアジアに残す術はないように、旧日本軍の高級将校たちには思われた。注目すべきは、『「白団」物語』では、岡村と曹の間の「国際反共同盟軍」についての話し合いの中に、岡村・澄田が四月の段階で、最初は大規模な「義勇軍」ではなく、少数精鋭の「参謀団」から始めることにしたことがまったく言及されていないことだ。

国民党に頼りにされたからには、志願者がいないので、当面は少人数の「参謀団」でいくことにした、とは岡村・澄田は曹にいえなかったのかもしれない。いずれ「義勇軍」になるのだから、わざわざいうこともないと思ったとも考えられる。

実際、根本一行が台湾に到着したこの七月末の段階でも、岡村・澄田のもとには人が集まっておらず、「義勇軍」はおろか「参謀団」の第二陣すら編成できていなかった。

根本たちが基隆から北投に移ってからも、しばらく宙ぶらりんの状態に置かれたのもこのためだったと見られる。つまり、国民党側は、やはり根本一行が「参謀団」であることを知らなかったし、岡村・澄田が当分「参謀団」でいくと決めたことも知らなかったので、根本一行が「参謀団」だということがわかったのちも、そのあと当然「義勇軍」が続いてくると思っていたので、しばらく様子を見ていたのだ。

しかし、根本一行のあとの後続部隊、つまり「義勇軍」が来ないので、事情を確かめるために、前述のように、岡本のもとに書簡を送り、曹を遣わしたということだろう。

七月一四日、曹は岡村からの返答を持って台湾に飛んだ。『「白団」物語』によれば、曹が蔣介石と相談した結果、「国際反共同盟軍」のような壮大な計画を一気に進めることはできないので、まず国民党に「外籍教官」を送って国民党軍に徹底した日本式軍事教育と訓練を行い、強力な中核的集団を作ることになったという。(80)これは、岡村・澄田にとっては歓迎すべき路線変更だったろう。「外籍教官」には彼らがリクルートできた「参謀団」の第二陣のメンバーを充てればいい。

本当のところは、募兵がうまくいっていないことを岡村から打ち明けられて、日本側の面子《メンツ》を考えた国民党側が、気を利かせて日本側の事情に合わせてした変更かもしれない。

あるいは、そもそも『「白団」物語』は、旧日本陸軍の関係者の機関紙『偕行』に掲載された記事なので、曹が日本側の面子をつぶさないよう、「義勇軍」が「外籍教官団」になってしまったのは、日本側の事情によるものではなく、蔣介石の意向だということにしたのかもしれない。

いずれにせよ、七月末に曹は日本に取って返して蔣の親書を岡村に手渡した。このあと岡村は彼の副官の小笠原清とともに澄田、十川次郎（元陸軍中将）、及川古志郎（元海軍大将）なども引き入れて「外籍教官団」（つまり「参謀団」の第二陣」）募集の呼びかけを行った。(81)

八月になって、曹は再び台湾に一時帰国して、北投の根本を訪ねた。このまま根本たちを冷遇していると、次の「外籍教官団」の招致に差し支えると思ったのだろう。曹はようやく根本を蔣介石に引き合わせた。しかし、蔣介石は根本を自らの顧問とはせず、上海沖合の舟山群島の視察から帰ってきた湯恩白《とうおんぱく》に紹介した。湯は根本にこの島嶼《とうしょ》地域の防衛について策を求めた。

舟山群島は上海の沖合にある五百ほどの島からなる群島で、その昔日本軍が中国に侵攻するとき拠点にしたことがある。共産党軍から見るとそこは台湾攻略のための前進基地であり、国民党から見ると大陸反攻の拠点になりうる戦略上の要衝だった。湯の求めに応じて、舟山群島視察に行ってきたあと、根本は次のような助言をした。

「毛沢東は西風にのって、ジャンクで攻めてくる可能性が強いが、これを守るためにこの島全部に強力な部隊を配置することはできない。そこで人民解放軍の動静を探ったり、いち早く本部に報告したり、また直ちに増援軍を輸送するための機動力をもった機帆船群が必要だ。そして、日本にはこれに向いている漁船があるはず……」(82)

この助言がもう一つの「義勇軍」に発展していく。このあとのいつかはわからないが、根本の同行者の一人である照屋が鹿児島出身の野崎公雄という男を連れてやってきて、このような提案をしたという。

この野崎に舟山群島周辺での漁撈を許可してくれれば、高速連絡船一隻と日本へ獲物を運ぶ船二隻を加えた三隻の機帆船団を編成し、日常的には舟山各地で漁撈を行いながら解

放軍の動静を監視し、国民党に協力するというものであった。(83)

これは良案なので、湯と根本はこれにのって野崎に一五万ドルを与えて日本に帰したという。「義勇軍」を集めるのに十分な金額だ。

照屋は吉川や中尾などとともに九月二二日に帰国しているので、この策が献じられたのは、その前だということになる。(84)

なお、文中に登場する野崎は、「渡辺三郎」という変名を使うこともあり、「呂永祥」という中国名を使うこともあった。CIC報告書には野崎はもっぱら「渡辺三郎」としてでてくる。野崎公雄＝渡辺三郎＝呂永祥だということは、『台湾義勇軍事件の眞相と私の立場』(台湾中央研究院所蔵)によって明らかになった。(85)CICは上記の川口の著書が出るまで、この事実を知らなかったようだ。

海上突撃総隊という「義勇軍」

根本のアイディアは「海上突撃総隊」という名称の「義勇軍」に発展していった。岡村・澄田の「義勇軍」の第一陣が「参謀団」になり、そのリーダーである根本のアイデイアから別系統の、海上「義勇軍」が派生したということになる。
この「海上突撃総隊」の「結成要綱」がこれに関わった川口忠篤の『台湾義勇軍事件の眞相と私の立場』にでてくるので以下に引用しよう。ちなみに川口は前に見たように、学生たちを「義勇軍」にリクルートしようとした三上や岡野に資金提供していた人物だ。

海上突撃総隊結成要綱

1. 目的　日本人有志を糾合して、海上特殊部隊を編成し、国府軍の隷下において援蔣反共のゲリラ的工作に従事せしめる。

2. 任務　(1) 海上哨戒並に情報蒐集
(2) 本土反共ゲリラ部隊との連絡並に物資補給
(3) 中共軍占領地区、並にその領海に対するゲリラ的攪乱
(4) 密輸及び密入国取締り
(5) 漁労並に輸送による経済的労作
(6) 其他国府軍に協力する一切の任務

3．構成
（1）人員（第一次）六百五十名
（2）船舶（第一次）四十隻

4．方法
部隊は表面、日本人による漁労集団として、人員並に船舶は日本よりこれを募る。乗員は日本人有志中、主として旧海軍々人もしくは漁業関係者をもってこれにあて、船舶も概ね小型漁船を用いる。平素は表面漁労を装いつつ内実は前掲の任務に服し、一朝有事の際にはそのまま戦斗部隊となる。

5．指揮
本部隊は、蔣介石大総統の直轄部隊として、湯恩伯総司令が責任監督の任に当り、日本側に於いては、呂永祥こと野崎公雄を以て海上部隊司令とする。

6．経費
本部隊の経費は、原則として国防部より公式に支出されるが、不足分に対しては、隊自体の行う経済行為（漁労、輸送並に密輸押収等）によって補充する。(86)

川口自身は『台湾義勇軍事件の眞相と私の立場』の中で、この「海上突撃総隊」が結成される経緯について、およそ次のように述べている。

野崎は川口の戦前からの知り合いで、天津で海運事業をしていた。戦後、彼が引き揚げてきて、海運事業を再開しようにも資金がなかったとき、借用書なしで事業資金を貸してくれたのが川口だった。

その野崎が台湾にも船を出していたところ、根本と出合った。湯将軍になにか良案がないかと聞かれていた根本に、野崎は「海上突撃総隊」のアイディアを話した。すると、根本はそれを国民党幹部に提案した。

国民党幹部は野崎に一五万ドルの資金と命令書を与えた。喜び勇んで帰った野崎は、真っ先に川口に話し、協力を依頼した。(87)

知り合いだったとはいえ、なぜ川口だったのだろうか。というのも、野崎には他にも知り合いがたくさんいたはずだからだ。

いつの時点かは不明だが、川口は有末機関の傘下に入っていた。この「海上突撃総隊」編成の工作が持ち込まれたときには、川口の機関はすでに有末機関の下部組織になっていた。

なぜ、川口が三上や岡野や野崎の募兵に資金提供できるのかは、これで説明がつく。川口も資金を持っていただろうが、有末の資金力は絶大だ。有末自身、旧日本軍の機密費を隠し持っていたほか、KATO機関を通じてG－2から、東京の国民党政府代表部を通じて国民党の資金が流れてくるのだから、これは当然だった。

このような資金源があるので、川口は「海上突撃総隊」工作を台湾だけでなく、満州や朝鮮半島へのインテリジェンス工作も含めた大掛かりなものとして実行することにした。

そういえるのは、CIC報告書が、この川口が「海上突撃総隊」のために作った機関が、有末機関傘下で、台湾のほかにも満州や朝鮮半島も工作対象地域にしていたことを明らかにしているからだ。(88)

募兵は岡村・澄田からKATO機関へバトンタッチされた

共産党軍の台湾侵攻が予想されるなか、日本側が「外籍教官団」をなかなか送ってこないので、しびれを切らした蔣介石は、八月二〇日前後に呉鐵城を特使として東京に遣わした。めでたく日本側と国民党側の正式合意が成り、国民党から豊富な資金が提供され応募者の待遇についての取決めもされたにもかかわらず、日本での「外籍教官団」のリクルートはなおも難航していた。澄田は自伝の中で、このようにその困難を述べている。

　ところが、いざこの計画（岡村と相談した計画）の実行に取りかかると、幾多の障害と困難とにぶつかった。即ち、当時日本は、なお米軍の占領下にあって、日本の海外渡航は、容易に許される筈もなく、また、国際的に問題となる恐れの多いこんな計画が、表向き容認される訳もない。

　そこで、その人選、勧誘は、宛《あたか》も戦前における共産活動に似て、総て地下に潜って行わなければならない。私共は、転々知人の住宅などをアジトとして、次から次へ目を付けた適任の旧陸海軍将校を呼び寄せ、或は、その住宅を訪ねて、台湾行を勧誘した。

　当時、軍人恩給停止のため、収入の全く途絶えていた旧軍人達は、相当多額の報酬に魅せられ、一応は大いに食指を動かしはするものの、何分初めての試みであり、前途に不安も漂い、殊に国法を犯し、パスポートさえも得られぬ密航で、生命の保証さえもなく、剰《あまつさ》え家族との連絡も不安定の状態では、私共の望むような優秀な者を集めるのは、相当困難を伴った。(89)

たしかに、「国際的に問題となる恐れの多いこんな計画」なので、占領軍には「表向き容認」はされなかった。だが、国民党が要請し、KATO機関が間接的ながら関わっているこの計画を、GHQおよび日本政府は裏で黙認していた。澄田も、この引用部分のすぐあとでこういっている。

その企画（筆者註・「参謀団」派遣計画）の中心人物と目された私は、やがて米軍憲兵に連行され、徹宵取調べを受けるなど、スリル満点の一幕さえもあったが、結局国民党政府軍の精強化は、多人数の軍事顧問団を送っている米国の最高方針に合致するとも決して背反していないためか、在日米軍首脳も一度実情を調査しただけ、後は見て見ぬ振りをして、私共の地下工作には、遂に何らの掣肘《せいちゅう》（筆者註・邪魔すること）を加えるに至らなかった。

澄田に対するGHQの対応は、彼をして「結局国民党政府軍の精強化は、多人数の軍事顧問団を送っている米国の最高方針に合致する」と確信させるものだったのだ。

引用を読む限りでは、岡村・澄田が根本一行の渡台のあとも引き続き募兵を行っていたように思われるが、実際は違っていた。

『真相』は、呉鐵城が催促にきたとき、岡村はどうしても応募者を集めることができないので、もう自分はその任ではないとして、河辺、岩畔、有末（KATO機関のトップたち）を呉に推薦したことを明らかにしている。(90)したがって、岡村・澄田は名目上「外籍教官団」のリクルートに関わり続けたが、実質的なことはKATO機関のトップたちに任せていたのだ。彼らは、もともと特別治安維持隊や国防軍の設立のために旧日本軍の佐官クラスにすでにわたりをつけていたし、背後にはG－2がいるので、組織と資金において岡村・澄田とは比べものにならないほどの力を持っていた。

服部の募兵ネットワークで「外籍教官団」結成

ところで、澄田は引用の中で、これまで「外籍教官団」派遣を語る際にタブーとされてきたこともあけすけに話している。つまり、澄田たちが呼びかけたとき、「相当多額の報酬」を提示していたということだ。もちろん、この報酬は岡村や澄田が用意できるものではない。それができるのは国民党だ。国民党はこのために一二〇〇万ドル（当時のレートで四三億二〇〇〇万円）用意して、旧軍人たちにバラまいたとされる。

これにつけこんで、横山雄偉という陸軍に覚えがめでたかった右翼主義者が、四〇〇万ドルの「募兵詐欺」を働くという事件も起きたと『真相』は書いている。(91)横山は本書七四頁の図で見たように、TAKE工作でウィロビーの副官ルーファス・ブラットンとペアを組んでいたので、この記事は全くのデタラメではなかった。

詐欺かどうかは別にして、たしかに国民党から資金を得て募兵はしていたのだ。そういった国民党の募兵資金の一部が、岡村たちにも回っていたのは事実だと考えざるをえない。ちなみに、KATO機関のTAKE工作でも、日本人工作員に給料は支払われていたし、北方で工作船が行方不明になったとき、河辺はG－2から弔慰金(いくらかは記述がない)をとっている。(92)

実は、すでに根本とともに台湾に渡っていた「参謀団」にも、留守中の家族の生活費として八月から二万円が支払われていた。現在の価値に換算すると約八十二万円だから、結構な金額だ。根本と渡台した吉川源三が日本に帰ったとき、他のメンバーの家族に国民党から支払われた生活費を渡した、渡さないというトラブルを起こしている。(93)

「児玉機関」の拡大

根本一行を台湾に送る上で大きな役割を果たした児玉は、その後も「外籍教官団」（「参謀団」）や「海上突撃総隊」の募集に関わり続けたようだ。「日本のインテリジェンス機関」というタイトルのＣＩＣの報告書によると、児玉は四九年の九月には「義勇軍」（アメリカ側文書では「日本人義勇軍」）募集のためのアジトを開設している。同文書によれば、それらは以下の住所にあった。

東京都新宿区新宿二丁目　Hoshiyasu Parmerchy（Magosaku Hoshiyasu、英語表記のため漢字が不明）

東京都杉並区阿佐ヶ谷五丁目五一　村辺繁一(94)

村辺は前に見たように、熱海和光園での台湾側との会談に岡村と根本とともに加わっていた人物だ。根本の渡台を請け負ったのだから、その後も児玉が同じことを続けていたとしてもおかしくない。

同報告書は三上と里見甫《はじめ》（戦時中ヘロインを売買した里見機関を運営していた）、阪田誠盛（戦時中、偽札作りをしていた特務機関阪田機関を運営していた）が、「児玉機関」と手を携えて「参謀団」と「日本人義勇軍」の密航を企てていると述べている。

ということは、募兵を行っているうちにかつての日本軍の特務機関の幹部たちが児玉のもとに集まってきたということだろう。彼は巨額の資金を持っているので、こういった人間が自然に引き寄せられ、集まってくるのだ。

しかし、「児玉機関」は、「有末機関」傘下に位置づけられているものの、児玉は有末とは一線を画していた。有末のような外国かぶれで貴族趣味的軍人は、児玉がもっとも嫌うタイプだった。それに、児玉は資金には事欠かないので、有末にもG－2にも頼る必要がなかった。したがって、児玉は反共産主義の闘士として、「外籍教官団」や「海上突撃総隊」に一定の協力はするものの、他の機関とは違う独自の路線を取ろうとしていた。それがどんな路線なのかは、あとで明らかになってくる。

「白団」の結成

岡村・澄田から河辺、有末、岩畔、児玉にバトンタッチされた「外籍教官団」（「参謀団」の第二陣）編成の努力は、九月になってようやく実を結び、終戦当時、第二三軍（駐広東）参謀総長だった富田直亮元少将をトップとする一団が結成された。

九月一〇日、東京高輪のとある旅館の一室で、中華民国を代表して曹、団長の富田、保証人の岡村の三名連記で、以下のような盟約文が交わされている。

「赤魔（註・共産党軍）は、日を逐って亜細亜大陸を風靡する。平和と自由とを尊び中日提携の要を確認する中日両国同志は、此の際亜東の反共聯合、共同保衛のために蹶起し、更に密に協力して防共に邁進すべき秋である。

茲に、日本側同憂相謀り欣然として赤魔打倒に精進する中華民国国民政府の招聘に応じ以て中日恒久合作の礎石たらんことを期する」(95)

共産党軍が、アジアを席捲しようとしているので、日本と中国（国民党）は協力して立ち向かおう、ということだ。この「外籍教官団」は富田直亮につけられた中国名が「白鴻亮」であること、そして共産主義の赤と戦うことから、「白団」と呼ばれることになった。こうして、「参謀団」の第二陣は、「外籍教官団」になり、最終的には「白団」になった。

曹によれば、最初の一七人の団員の選考には、服部卓四郎と西浦進が関わっていたという。(96)西浦は陸軍大学で服部と同期で、終戦時は支那派遣軍参謀で岡村の副官だった。服部は近い将来、国防軍を作るために、彼の秘密のネットワークを通じて幹部候補者のリクルートを密かに行っていたことは前にも述べた。岡村・澄田の「計画」を実行するためには、河辺・有末機関の協力と服部の募兵ネットワークが必要だったのだ。

金門島の戦い

「外籍教官団」が送られる前の一〇月二五日、国民党の台湾防衛は重大な局面を迎えていた。根本の予言通り、およそ二万人の共産党軍がジャンクに乗り込んで西風に乗って金門島に押し寄せたのだ。国民党軍は、彼らを上陸させてから、包囲殲滅する作戦をとった。

アメリカ製の戦車や最新の火器を装備していた国民党軍は、旧式の兵器しかもたない共産党軍を圧倒した。共産党軍は大陸に逃れようとしたが、船が焼き払われていたり、海面下の障害物に阻まれたりしたため、それが果たせなかった。一〇月二七日、なんとか生き残っていた残存兵も降伏して、この戦いは終わった。

大陸では敗戦に次ぐ敗戦だった国民党軍にとって、久方ぶりの勝利だった。そして、なんとか台湾で持ちこたえる見込みがたった。この戦いで根本がどんな役割を果たしたのかについての正式な記録は残っていない。日本側のある人々は、この戦いで根本が作戦を立てたとか、指揮をとったというが、記録がない以上すべて推測でしかない。

ただし、この戦いのあと、蔣介石が根本に対する信頼を強くしていったことは、彼の日記（スタンフォード大学ハーバート・フーヴァー研究所所蔵）からも窺《うかが》いしることができる。根本は国民党幹部よりも、アメリカが送り込んだ軍事顧問団よりも、蔣介石に頼りにされるようになる。

それは必ずしも彼が参謀として優れていたからばかりではなかっただろう。彼は「外籍教官団」に加えて、「海上突撃総隊」も台湾に招致するためのキーパーソンでもあった。

金門島の戦いで共産党軍を一時的に撃破できたからといって、その脅威はなくなったわけではない。将来の共産党軍の侵攻を妨ぐための恒久的な方策が必要だった。そこに根本は関わっていたのだ。

なぜ富田が団長になったのか

「外籍教官団」がようやく台湾に到着しはじめたのは、金門島の戦いが終わったあとの一一月だった。奇妙なことに、全員揃って台湾入りしたのではなく、まず富田と荒木が飛行機で先に渡台し、あとの二十数名は船で追う形をとった。なぜこうなったのかは、その一員であった大橋策郎元陸軍中佐の、次の証言が明らかにしてくれる。

富田さんは一一月一七日に重慶に着いて、蔣さんに再会（筆者註・同月三日にも会っている）し、前線にも出て作戦の指導もした。しかし、時すでに遅く、向こうにおったのは一〇日間くらいじゃないかと思うんです。(97)

つまり、富田は台湾に渡ってまもなく重慶に飛行機で行って蔣介石と会い、現地で作戦指揮をしていたというのだ。だが、すでに戦いの大勢は決していたので、一〇日間しかそこで指揮を取れなかったという。

富田らを他のメンバーに先行させたのは、蔣介石が可及的速やかに富田らを重慶防衛の作戦指揮に当たらせたかったからだ。つまり、「外籍教官団」とはいいながら、やはり台湾側は彼らに「参謀団」となることも期待していたのだ。

このことは、富田がなぜ団長に選ばれたのかをも説明する。長年「白団」と日本の家族や岡村たちの連絡役となった小笠原清は、富田が団長になった経緯について次のように語っている。

　まず団長の要員だが、「自分の健康が許すならばオレは直ちに参加して協力したい」と岡村さんがいわれても、もとよりそれは不可能。そこで話をもって行ったのが富田少将だったのである。富田さんは先述の通り南支（筆者註・南支那）……国府軍が持久戦を策した地区を熟知しておられるため、いっそう適任と考えたわけだ。(98)

つまり、富田は「国府軍が持久戦を策した地区」つまり中国南部を「熟知」していたから団長に選ばれたのだ。たしかに富田は南支那方面軍（この軍は四一年八月一二日から支那派遣軍隷下の第二三軍となった）の参謀長だったので、この地域をよく知っていた。

思い起こせば、七月に中華民国代表部が岡村に送った前述の手紙にも、台湾のほかに、

「奥地の四川、雲南、貴州と広東、広西地区を確保して持久を策す」ので「日本人同志」の協力を得たい、といっていた。

富田たち「外籍教官団」は、初めから国民党軍に軍事教練を行うだけの「外籍教官団」と考えられていたのではなく、中国南部の戦線で共産党軍と戦う「国際反共同盟軍」（岡村の言葉では「国際義勇軍」）の「参謀団」となることも想定して編成されていたのだ。

これの裏づけとして、CIC文書は、富田がヴェトナムに行ったと報告している。(99)これは当時、李彌将軍麾下の国民党軍がビルマ（現・ミャンマー）北部・雲南地域でも持久戦をしていたので、これを支援するためだろう。

中国南部にとどまって共産党軍と戦っている李彌の部隊に梃入れすることは、ここにいわば第二戦線を作って、金門島地域にかけられている共産党軍の軍事的圧力を分散させることにもつながっていた。

また、CIC文書は、富田が団長に決まる前、辻政信の名前が団長候補者としてしきりにでていたことを明らかにしている。(100)辻も台湾や南支那派遣軍にいただけでなく、中国と国境を接すタイにも配属されたことがあった。

思うに、辻が白団の団長にならなかったのは、彼を団長にして目立たせると、彼が秘密工作で自由に飛び回ることができなくなるので、かえって団長などにしないほうがいいと岡村たちは思ったのだろう。

あるいは辻の性格では、責任の大きい地位にはつけられないと思ったのかもしれない。辻はノモンハン事件で服部とともに参謀を務めたが、攻撃一辺倒の作戦で日本軍の大敗を招いたとされる。それでも本人は「戦は負けたと思った方が負けだ」とうそぶいていたという。また、上司の命令にしたがわないこともしばしばで、独断専行が多かった。

いずれにしても、国民党にとって、金門島周辺の防衛も大切だが、そこにかけられる圧力を分散させ、かつ共産党軍を背後から脅かす中国南部の第二戦線も重要だった。

こうして、国民党は、金門島や舟山群島方面では根本を、中国南部では富田を、参謀に起用して共産党軍の勢いを止め、あわよくば大陸反攻に移ろうとしていた。

児玉の朝鮮半島工作

同じころ、朝鮮半島に関する密輸事件が頻発していた。このような事件の一つで新聞を賑わしたものに「衣笠丸事件」がある。それは次のようなものだ。

四九年一一月二七日、衣笠丸という一一〇トンの機帆船が和歌山県田辺港に入港した。港湾関係者が積荷を調べたところ、北朝鮮の特産品を満載していたことがわかった。取り調べが進むうちに、密輸の主役が松下電器貿易だということがわかり大騒ぎになった。

この密貿易に関わっていた塩谷栄三郎という工作員が後年、明らかにしたところによれば、この背後にあるのは日本共産党と中国共産党で、その目的は中国共産党に機材を補給することだったという。(101)塩谷は戦前日本共産党員だったが、その後転向し、戦時中は上海で日本軍のために諜報活動をしていたとされる。CIC報告書は、塩谷が児玉のスパイだったことを暴露している。(102)

しかし、塩谷自身は児玉の名前を出すことはなく、ウィロビーなどG－2が関わっていて、密輸を黙認し保護を与えるのと引き換えに、北朝鮮と中国方面の情報を収集するよう命じられたと主張している。

ということは、塩谷は児玉機関(戦後の)の朝鮮工作、それもTAKE工作の一つに関わっていたことになる。もっとも、日本側の機関ともKATO機関ともまったく関係ない、児玉独自の朝鮮工作だった可能性も否定できない。

塩谷はなおも、松下電器顧問の新田亮を焚きつけて、貿易会社「福利公司」を設立させ、合法的企業活動を装って、この会社に工作を行わせたとする。しかも塩谷は、ウィロビーがこのダミー会社をキャノン機関の下に置いた、とさえ言っている。

キャノン機関は、G-2の下に置かれていたとされる秘密機関だが、特に汚れ仕事（たとえば拉致、誘拐、拷問など）を一手に引き受けていたので、これに関する文書はCIA文書からさえもでてこない。

このほか、中国共産党がプロパガンダの中で指摘した対朝鮮半島工作は、反動勢力が韓国の済州島に飛行場を作って、対岸の青島を爆撃したり、飛行機で破壊工作員を送ったりする陰謀を企んでいるというものがあった。これはスパイによって情報が漏れていたものと見えて、かなりの部分あたっていた。

たとえば、児玉は実際に飛行機メーカーの調査を行っていた。(103)アメリカの軍用機を青島爆撃に使わせてもらうわけにはいかないので、どこかの国から飛行機を購入して、作戦に使おうと考えていたと思われる。児玉ならば、やりそうだし、できそうだ。

ほかに対朝鮮工作としては、有末が渡邊渡（元陸軍少将、北京特務機関長、終戦時北支那方面軍参謀副長）を使って行っていたものがある。だが、『CIA秘録』は、「一九四九年から五〇年にかけて渡邊が手がけた作戦は、ことごとく失敗した。渡邊が収集し

た情報はほとんどが共産側のでっち上げと判明した」と有末機関の人間に厳しい評価をしている。(104)

治安維持隊と国防軍創設の動き

国内に目を転じると、河辺機関が同年に旧陸軍関係者のOB組織「桜会」（戦前にも同名の会があったが、これは戦後の河辺機関のもの）を設立して結束を固めたあと、警察への浸透をはかっていた。そして、かなりの影響力をふるうようになっていたという。宇垣の「義勇新軍」を実行に移そうとしていたことが窺われる。(105)

四九年一二月八日付CIC報告書（有末ファイル）は、西ドイツが再武装したのに刺激されて、河辺と有末が「治安維持隊（Constabulary）」と「火力をもった旅団（Fire Brigade）」を計画していると記しており、五〇年二月七日付CIC報告書は、河辺機関が「毒ガス隊、機関銃隊、戦車隊」からなる近代的部隊を計画している、と述べている。

これは朝鮮戦争開始の四ヶ月以上も前であり、かつ警察予備隊が創設されるより六ヶ月前だった。このような動きを吉田茂総理や彼の内閣の幹部、岡崎勝男や石橋湛山は当然警戒した。だが、河辺と有末の背後にはG－2のウィロビーがいたので、正面きって反対することはできなかった。

特に吉田総理は、ウィロビーのおかげで政権を維持しているという面があった。占領軍の中の二大勢力は、ニューディーラーが集まったGSとウィロビーがトップにいるG－2で、前者は片山哲内閣など社会主義政権、後者は吉田内閣の保守主義的政権を支持した。つまり、ウィロビーは吉田の守護神なのだ。

しかし、同時にウィロビーは、治安維持隊を構想する河辺・有末と国防軍を構想する服部のいわばパトロンでもあった。したがって、吉田や政府幹部もこれら旧軍人の計画に強く反対することはできなかった。だからこそ、河辺や有末や服部などが、勝手に治安維持隊や国防軍計画を進めたり、秘密工作兼密輸をしたりできたのだ。

こうして四枚の絵は重なり、全体で一つの絵を浮かび上がらせるようになっていった。

第六章　宇垣派を分裂させた朝鮮戦争——分かれていく絵

朝鮮戦争勃発と警察予備隊の発足

五〇（昭和二五）年六月二五日、北朝鮮軍およそ七個師団と一個装甲旅団、約九万人が北緯三八度線を越えて韓国領内になだれ込んだ。対ドイツ戦や満州侵攻にも威力を発揮したソ連製T34戦車などで機械化した精鋭部隊だった。蔣介石は六月三〇日にマッカーサーに三万人の軍を送ることを申し出ていた。だが、台湾に逃げ延びたばかりで装備も整っていない国民党軍ではたいした助けになるまい、とアメリカ政府はこの申し出を断わっている。

しかし、このあとマッカーサーは、次第に国民党に対する思い入れを深めていく。一軍人であるにもかかわらず、「トルーマン政権の台湾中立化政策は誤りで、アメリカはもっと積極的に国民党軍を支援しなければならない」という主張を口にし始める。蔣介石のほうも、自分の軍の指揮をマッカーサーにとらせたいとこれに応じた。

筆者がダグラス・マッカーサー記念アーカイヴズで発見した文書は、マッカーサーが本国政府には秘密で五〇年八月三日に「台湾連絡班」（Formosa Liaison Group）をG－2の中に設置したことを明らかにしている。(106)

この朝鮮戦争は、日本においては警察予備隊を生み出すきっかけとなった。戦争勃発後まもなくの七月八日、マッカーサーは、ポツダム政令によって七万五〇〇〇人の警察予備隊を作ることを吉田に命じた。在日駐留軍を朝鮮半島に投入する分だけ、占領している日本の治安維持に兵力を割《さ》けなくなるからだ。日本にあるアメリカの兵力を朝鮮半島に投入した隙を狙って、日本の共産主義者が武装蜂起し、それを利用してソ連が軍事行動を起こすかもしれない。それが大規模な内戦に発展する恐れがある。

そうした場合、アメリカは極東に当時よりも大きな兵力を送らなければならず、その分だけヨーロッパや中東に対する防備が薄くなる。それがこの地域でより本格的な戦争を誘発する可能性がある。その芽を摘み取り、ソ連の介入を招かないために治安維持だけでも日本人にやらせなければならない、というのがアメリカ側の考えだった。

服部を推したウィロビー

警察予備隊を編成するとき、そのトップ候補者としてウィロビーが名前を挙げたのは、彼のもとで国防軍計画を練っていた服部だった。服部は朝鮮戦争が始まる前の五〇年三月に「編成大綱」という国防軍編成計画をまとめていた。それによれば、国防軍建設第一期では、平時一〇個師団一〇万人、戦時三〇個師団一〇〇万人、第二期では平時一五個師団二〇万人、戦時四五個師団一五〇万人、第三期では平時三〇個師団四五万人、戦時一〇〇個師団四〇〇万人の陸上兵力の確立を目指すことになっていた。(107)

これを知っていたウィロビーは、服部に警察予備隊を編成させようとしたが、吉田の反対で実現しなかった。結局、警察予備隊は、国防軍建設第一期で服部が予定していた一〇万人には及ばない七万五〇〇〇人の規模になった。

とはいえ、これは上々のスタートだった。ウィロビーと服部が不満に思ったのは、この警察予備隊の規模ではなく性格だった。

ウィロビーと服部は、戦力を備えた国防軍を創設するつもりだった。ところが、GS局長コートニー・ホイットニーと吉田はこれに反対した。その論理はこうだ。

今必要なのは、共産主義者の蜂起から日本を守る治安維持隊的なもので、戦力を持った国防軍ではない。いずれ、その必要が生まれるだろうが、とりあえずは治安維持隊的な警察予備隊で事足りる。

また、ホイットニーの懸念は、警察予備隊だと治安維持なのでGSの管轄だが、国防軍だと軍事でG－2の管轄になり、ウィロビーの影響力が大きくなるということだった。マッカーサーはホイットニーを支持した。彼も日本に戦力を持たせることには慎重だったからだ。ふてくされたウィロビーは、警察予備隊幹部の人事案件を一ヶ月間もたなざらしにした。(108)

吉田は河辺と有末を排除した

吉田はこの勢いに乗じて、警察予備隊全体のトップである警察予備隊本部長官に、内務省官僚から香川県知事になっていた増原恵吉を、制服組のトップにあたる警察予備隊中央本部長に、同じく内務官僚だった林敬三を据えた。警察予備隊をシヴィリアン・コントロールのもとに置こうという吉田の意思のあらわれだ。隊員も、大部分は一般人から募集し、有末、河辺、服部の息のかかった人間をできるだけ幹部にしないようにした。

こうして、せっかく直前まで雛形を準備していたのに、河辺も有末も服部もそのトップにはなれなかった。とはいえ、これは日本の国防力再建に向けての大きな一歩だった。前に見たように、宇垣は日本が立ち直れないうちに米ソの戦争が起き、日本が再び戦場になることを恐れた。その事態を避けるために非正規の「義勇新軍」を計画したのだ。ところが、朝鮮戦争が起こったために、非正規の「義勇新軍」ではなく、正規の治安維持隊である警察予備隊を持つことができた。これは宇垣としてはうれしい誤算だっただろう。次なる問題は、これをいつ重武装化して国防軍にするのかということだ。

宇垣機関の中でも、警察予備隊発足後、どのように再軍備するのかについて意見が分かれていた。宇垣や有末や河辺は、アメリカに頼ってでもすぐに再軍備すべきという立場だった。その一方で、旧陸軍と旧海軍の大物、下村定（陸軍大将）と野村吉三郎（海軍大将、元駐アメリカ大使）は時間をかけてでもアメリカに頼らない独立した軍備を持つべきだ、という立場だった。

さらに、そのプロセスについても、治安維持隊のようなものから国防軍へと徐々に再軍備を進めるのか、一挙に陸海空の三軍をもつ国防軍をめざすのか、アメリカや国民党との関係はどうするのか、議論が分かれた。もともと宇垣機関は寄せ集めだっただけに、議論が百出すると、一気に求心力を失っていった。

しかし、服部たちは、こののち警察予備隊のあとの保安隊の編成を練るようになり、「編成大綱」で示した国防軍建設第二期の規模をも上回る一五〜二〇個師団、三二万人を目標と掲げるようになった。これはアメリカ側の思惑とも一致していたので、ジョン・フォスター・ダレスなど政権幹部から、ある程度の後押しを受けることができた。

大規模な第四次「日本人義勇軍」

前に見たように、この時期、宇垣機関は「海上突撃総隊」にも関わっていた。根本・野崎・川口によるこの工作は、有末機関傘下の川口機関が実施することになっていた。だが、計画が大掛かりなので、準備を進めるうちに、宇垣のもとに集まった海軍や陸軍や特務機関の大物が関わるようになっていた。

そのことを示すのが以下のＣＩＣ報告書だ。これによれば、宇垣、小林省三郎（元海軍中将、赤城艦長）、川口、渡邊渡などに加えて急遽、台湾から日本に戻ってきた根本が加わって会議を開き、以下のようなことを決めていたという。

一二隻からなる船団が八月一〇日に積荷の荷揚げと荷降ろしのために集合することになっている。これらの船が下田から出港する予定日は八月二二日になっている。他の船のほかの港からの出航も同じころになるだろう。落ち合う場所は暫定的に九州の南で、種子島の東の海域となっている。ここからそれぞれの船はばらばらにマッカーサーライン（日本漁船に対して設けられた海域の南限）内の次ぎのポイントに移動する。このラインを越えたのちは船団を組み、国民党の海軍の護衛のもとに台湾の義蘭へいく。

（中略）国民党東京代表部が船の賃料の財源だ。ほとんどは五〇トンほどの沿岸運行用の汽船で、トンあたりの一月の賃料は一万円。乗組員の構成は船長と機関長一人、船員、機関員それぞれ五人は船主が用意する。船を借りている日本の旧軍人は指揮官とラジオと通信士を用意する。台湾を越えてインドシナへ行く船は許可を得ることなくそうすることができる。その航海の一部を国民党の海軍が護衛する。(109)

ちなみに渡邊は、この当時、G-2のために対朝鮮インテリジェンスと工作を行っていた。(110)

この文書では、「海上突撃総隊」を「第四次日本人義勇軍」と呼んでいる。つまり、

ＣＩＣ側では、根本一行を第一次、富田一行を第二次、「海上突撃総隊」第一陣を第三次、その第二陣を第四次「日本人義勇軍」と呼んでいた。

第四次に先立つ第三次の派遣は、五〇年六月に行われていたがＣＩＣ報告書（有末ファイル）にも「第三次日本人義勇軍は有末機関のサトー（名前は不明）とクラモト（名前は不明）が六月に行った」としか出てこない。(111)どのくらいの規模で、どのような陣容だったのか、どこへ行ったのかはなにもわからない。

これに対して第四次は、引用からもわかるように、かなり大規模だった。一隻あたりの船主が用意した乗組員だけでも一二人ほどになる。これに「義勇兵」が加わる。それが一二隻そろうと、占領下の日本人の軍事行動としては、かなりのものだといえるだろう。ただし、前に見た川口の「海上突撃総隊結成要綱」では「（第一次）六百五十名、四十隻」という記述があったが、そこまでの規模にはなっていなかったようだ。

この引用の最後の部分からも明らかなように、行き先も必ずしも台湾ではなかった。台湾を越えてインドシナまで行くこともあった。他のＣＩＣ報告書は、連絡・偵察目的ではあるが中国や韓国など北や西に向かう船団もあったと述べている。特に「児玉機関」の「日本人義勇軍」は、こちらの方面に特化したものだった。あまり記述のない第三次「日本人義勇軍」は、この児玉の朝鮮半島向けのものだった可能性がある。

「日本人義勇軍」は、「国際義勇軍」だった

「日本人義勇軍」が台湾以外にも送られていたことを示すのはCIC文書にある以下の表だ。

地域	指揮官	現有人員	推定兵力	方法
台湾	根本	3000＋パイロット	3000＋パイロット	中国国民党が資金を出しアレンジする
インドシナ		2500	2500	辻政信と松本俊一が担当してヴェトナムのヴェトミンに密航させる
朝鮮	加藤	2000	4000	渡邊渡が担当して密航させる
満州	本間	4000	2000	辻と工作員が送り込む 渡邊が中国北部と韓国に持つ

密航ルートを使うかも知れない(112)

有末機関の工作地域が台湾だけでなく朝鮮、満州、インドシナまで含むということがこの表から確認できる。「日本人義勇軍」はやはり宇垣や岡村や曹士澂の構想した「国際義勇軍」（国際反共同盟軍）だった。そして、これらの対外工作は、朝鮮半島がらみの密輸事件も含めて、有末機関の対外工作、つまりＫＡＴＯ機関のＴＡＫＥ工作の一部として位置づけられていた。

中国共産党の帝国主義的膨張

有末機関がなぜ、これほど多くの地域を工作対象としているのかは、この時期にＧＨＱ通信部が受信した電報の綴りを読むとわかる。これらの電報は、アジア各地から刻々と変わる現地の軍事情勢を東京のＧＨＱに伝えるために送られていたもので、発信地はニュー・デリー（インド）、ジャカルタ（インドネシア）、シンガポール（シンガポール）、サイゴン（ヴェトナム）、台北（台湾）となっている。(113)この電報綴りは二〇一二年になってダグラス・マッカーサー記念アーカイヴズで公開されるようになった。

それらを通読すると、朝鮮戦争が、共産党軍がしかけていた一連のアジアの戦争と連動していたことが明確になる。つまり、前年に国家成立を宣言したばかりの新中国は、朝鮮に約三〇万人の軍を送る一方で、チベットを侵略し、台湾に侵攻を企て、ヴェトナム、ビルマ、タイには共産主義者を送り込み現地の共産主義シンパを組織したりする、などの浸透作戦を行っていた。

最後の三つの国に関する電報は、ソ連が東欧諸国でしたように、中国が共産党寄りのなんらかの政治組織を現地に作ることに成功した暁《あかつき》には、軍隊を送り込んで傀儡《かいらい》政権を作り、当該国を衛星国にする意図を持っていたことを明確に示している。

朝鮮戦争は、朝鮮半島がアメリカ化することを防ぐために中国が介入したということもできるが、また、共産党軍がアジア各地でとった侵略的攻勢の一つで、かつ、最大のものだったと見ることもできる。それほど、新生中国の、国境を接している国々に対する膨張主義的攻勢（侵略といってもいい）は目立っていた。事実、朝鮮戦争ののちは、ソ連にかわって中国が宗主国の地位に就くのだ。

マッカーサーやG－2、ならびに宇垣、岡村、有末、河辺、辻、児玉ら宇垣機関およびKATO機関の関係者は、まさしくアジア各地に迫る「赤魔の脅威」を感じていた。だから彼らの軍は「国際義勇軍」(「国際反共同盟軍」)にならざるを得なかったのだ。

これはまた、なぜ児玉や渡邊が朝鮮半島へ行き、辻や富田などが、台湾からさらにヴェトナムに足を延ばしていたのかの説明となる。表にもあるインドシナ工作は、台湾を経由して行われたので、「日本人義勇兵」が台湾に着いた段階では台湾工作だが、そののち、蔣介石や根本と相談して、インドシナに行った場合はインドシナ工作になっていたのだ。

前述の電報によれば、トンキン湾付近にいた国民党軍が海南島からやってきた共産党軍に追い詰められ、国境を越えて、ヴェトナムやラオスに入り込んでいた。

このような状況下で、インドシナに義勇軍を送り、現地の国民党軍を救援し、これと合流することは、第二戦線を強化し、舟山群島や金門島にかかっている共産党軍の圧力を南のほうに分散させる意味があった。

実際に、辻もまた五〇年六月に台湾を経由してインドシナへ行っていた。この段階での計画では、「ヴェトミン・ヴェトナムとフランス政府の双方に対する工作に辻を使う」ことになっていたという。(114)これは共産党軍に追い詰められるたびに、ヴェトナムの国境内に逃げこんでいた李彌の救出・支援に関わっていたということだろう。

宇垣機関の分裂

有末機関は、GHQが黙認していたとはいえ、あまりにも手を広げすぎ、やり過ぎてしまったようだ。CIC報告書によれば、五〇年八月三日の宇垣派元高級将校たち（岡村、有末、根本など）の会議では、宇垣機関傘下の秘密機関の「分散化」(decentralization) が議題にされたという。(115)

その理由は同報告書によれば、次の二つだった。（1）これらの秘密機関が統合し、強い力を持つことにGHQが懸念を持ち始めた。（2）宇垣と野村の追放解除が間近だといわれているので、それを危うくすることは避けるべきだ。

さらに宇垣は、「日本のことを思う旧軍人や愛国者は、今後は警察予備隊かそのあとの国防軍に入ればいい」といい始めた。

人的資源からいっても、警察予備隊に七万五〇〇〇人の人材が流れたのだから、彼らの募兵のネットワークではもう人が集まらなくなっている。警察予備隊もできたことだし、そろそろこのような秘密機関は解散すべきだということだ。

たしかに治安維持隊を計画してきた河辺機関と有末機関は、警察予備隊が設立されて以降この方面に関しては存在意義を失ってしまっていた。こうなると統合の過程で抑えてきた不満が一気に噴出し、宇垣機関傘下の秘密機関は分裂に向かっていた。次にあげる八月三日の宇垣機関の再編についての議論はそれを示している。

これらの取り決め（宇垣機関の再編成）は原則的には野村（吉三郎）と川本（芳太郎、元支那派遣軍総参謀副長）に受け入れられた。しかし、川本や土田（豊）のような実行レヴェルでの反対派のリーダーは二つの情報部（intelligence department）とそれぞれの所掌範囲をはっきりさせることを望んだ。

岡村の部下だった川本と外務省グループと有末の連絡役だった土田は統合に賛成だが、有末の性格と一方的に決めてしまう傾向をよく知っている。そこで里見甫がFuruya TatsuoとOikawa Michioの助けを得てより中央集権的な機関にすることを狙った対案を作った。

これは機関全体の細部にわたる対案だ。大きな変更は川口忠篤を保安調査局に加えたことだ。（中略）大きな対立点は、第二情報部やその他の部局がアメリカの極東情報局（Far

Eastern American Intelligence Agency）のどれかと協力する際、単に工作資金が必要で提携する場合は、有末の許可は要らないし、有末の指揮下や監督下に入る必要はないと反対派が主張していることだ。

反対派はこう指摘する。有末機関は、それまでもそうしてきたが、過去一年間に一度ならず国民党の代理人と直接交渉し工作資金を得た。そして「日本人義勇軍」の場合も再びそうするだろう。なぜ、すべての自分たちのアメリカとの提携計画を有末にチェックさせたり、彼らがアメリカ側に渡す情報を有末に渡したりする必要があるのだろうか。資金集めなど低いレベルの目的ならば、有末コネクション（アメリカ側との）を煩わせる必要はないではないか。(116)

どうやら、宇垣機関関係者が再編成を考えた裏には、なんでも独り占めしてしまう有末に反発を強めていたことがあるようだ。有末への反発は、ペアと認識されている河辺にも向けられた。これまで長いプロセスを経てまとまり、融合してきた旧軍人の秘密機関は、逆のコースをたどって、ばらばらになり始めた。警察予備隊編成に直接関与できなかった有末と河辺は急速に力を失っていった。もうこれ以上、アジアを「赤魔」から守るためとはいえ、「国際義勇軍」を送ることも難しくなってきた。

マッカーサーは、朝鮮戦争の前は国民党を積極的に支持することはできなかった。アメリカ本国政府が、国共内戦には介入せず、台湾中立化政策をとっていたからだ。だが、戦争が始まってからは、マッカーサーは本国には内緒で「台湾連絡班」をＧ－２に作って蔣介石を積極的かつ組織的に支持するようになった。

こうなると、せいぜいかき集めても機帆船一二隻ほどの「国際義勇軍」の意義は、相対的に薄れていく。蔣介石は決して根本や富田ら「参謀団」を粗末に扱ったわけではないが、アメリカ軍のほうが「国際義勇軍」よりも優先順位が高くなることは仕方なかった。

新聞沙汰になった第四次「日本人義勇軍」

それまで旧日本軍人が集めた「義勇軍」の中でも最大のものだった第四次「日本人義勇軍」も、つまらないことから発覚してしまい、未遂に終わってしまった。乗り組む予定だった「義勇兵」が出航前に刃傷沙汰で警察に逮捕されてしまったのだ。いつもはこの手の事件を見て見ぬふりをする警察がそうできなかったのは、これが密輸事件ではなく傷害事件だったからだ。

この事件は三大新聞は簡単に扱っているのに、どういうわけか『夕刊岡山』という地方紙が詳細に報道している。この記事はまず、以下のように事件を紹介している。

事件は、二十五年八月、川口忠篤被告（54歳）＝神奈川県藤沢市鵠沼＝が山見嘉志郎被告（49歳）＝京都市左京区下鴨西半木町＝の協力で和歌山県勝浦、岩手県石巻などで七隻の帆船を買い入れ、八十六名の「海上突撃総隊」員を乗せて台湾へ向かおうとしたが、一部が神奈川県三崎港沖合で捕まり、未遂に終ったというものである。(117)

「海上突撃総隊」という名称と、その規模（七隻の帆船と八六名の人員）から見て、これらは川口の「海上突撃総隊」で、かつ第四次「日本人義勇軍」の一部だったことは明らかだ。

機帆船については、次のように船名やトン数や速力などもわかっている。第一、第二大黒丸（各四四・七トン）、第八丸良丸（九九トン）、第三丸良丸（二五トン）、睦丸（二九トン）、龍丸（三五トン）、進栄丸（三五トン）計七隻のいずれも速力八〜一〇ノット。

記事はこのあと、このような「海上突撃総隊」が結成された経緯とその背後にある旧日本軍人、特に根本、川口、野崎、小林省三郎と国民党の要人、陳世憫（駐日代表部顧問）、曹士澂との関係を暴露していく。

驚くのは、この記事は以下の根拠に基づいて、この「海上突撃総隊」がキャノン機関の指示による北朝鮮関連のスパイ事件と関連している、と明言していることだ。

1、この事件の翌年、キャノン機関の命で実行された中共潜入ルート設定と青島基地スパイのための「第十七明神丸事件」「第十七幸丸事件」のときも、国警本部公安調査庁の有力筋が、首謀者の供述の中に登場しているうえ、いずれも米駐留軍と密接な関係があったと主張している。

2、北鮮スパイ、「衣笠丸事件」首謀者の一人、新田亮はこの事件と同様、国府国防部の指示で諜報活動を行ったとみられており、彼自身、戦争中、影佐機関で働き、戦後は国防軍第二組の特務だったと称していた。

ここに挙げられている根拠が事実なら、第三・四次「日本人義勇軍」は、やはり朝鮮半島なども工作地域に入れた「国際義勇軍」(「国際反共同盟軍」)だったことになる。しかも、それにはKATO機関と有末機関だけでなく、拉致事件など占領期の怪事件に関わったとされるキャノン機関までも関与していたのだ。

しかし、前に見たように、「日本人義勇軍」は、このように第四次が失敗に終わる前からその存在意義を失っていた。「国際反共同盟軍」の中では、「日本人義勇軍」よりもアメリカ軍のほうが、共産党軍に対して大きな脅威になることは明らかだ。実際、「白団」はそのまま台湾にとどまるものの、「日本人義勇軍」はこの四次で終わることになる。

三つに分裂した宇垣機関

宇垣機関やその他の秘密機関の関心とエネルギーは、朝鮮戦争のあいだに「国際義勇軍」ではなく、警察予備隊と、そのあとに予定されている国防軍創設に向かうようになっていた。それまでのように外へ向かうというより、内向きになっていた。

しかし、国防軍というテーマについて議論すればするほど、彼らのあいだの意見の違いが明確になっていき、グループの対立に発展していった。CIC報告書によれば、五〇年一〇月の段階で、宇垣機関は三つのグループに分裂していた。(118)

一つ目は、有末や服部に代表される「陸軍強硬派」で、すぐにでも陸上兵力だけの国防軍を実現させようというグループだ。これには岩畔などがしたがっていた。警察予備隊が既に設立されていたので、このグループはこれを「治安維持隊」的なものからさらに重武装の国防軍的なものにしようとしていた。

二つ目は「陸軍穏健派―海軍司令部派」で徐々に段階を追って海軍を含めた国防軍を形成していくことを唱えていた。河辺や澄田や田中隆吉少将などが、ここに入る。

このグループは、四方を海に囲まれた日本の国防には、陸上兵力だけでなく海上兵力も必要だと考えていた。だが、戦後の日本では、海上兵力を持つことは海外進出につながるので、GHQからだけでなく国内の左翼勢力からも反対されることは明らかだった。だから、彼らは仲の悪かった旧海軍の関係者とも連携を保ちながら、時間をかけて陸上兵力だけではなく、海上兵力も持った国防軍を作ろうと考えたのだ。

最後のグループは「海軍穏健派―外務省派」で、時間をかけてもアメリカと調整をはかり、その協力を引き出すことによって陸上兵力と海上兵力のバランスのとれた国防軍を準備していくことを主張した。

このグループは、第二グループが旧陸軍出身者で、あくまで陸上兵力を中心に考え、海上兵力はその補助としていたのに対し、単なる陸上兵力の付け足しではない海上兵力を考えていた。海軍の本格的復活を目指していた野村がこのリーダーだったのだから、これは当然だった。

ただそうするにはアメリカ側の理解だけでなく、経済的援助も必要になるので、外交交渉も重要になり、より時間がかかると思われていた。

端的にいえば、第二・三グループは、ウィロビーの庇護のもとアメリカ軍に依存した陸上兵力だけの国防軍をすぐに作ろうとする有末・服部の独走を止めるために自然発生的にできたといえる。当然のことだが、アメリカから協力を得て海軍を復活させようとしていた野村は、有末・服部がアメリカに頼って即成で、陸上兵力だけの国防軍を作ることに最も強く反対していた。

このように、宇垣機関が分裂し、対立し、力を失うと、俄然吉田が宇垣傘下の旧日本軍の高級将校たちとの戦いにおいて有利になってきた。そもそも警察予備隊の七万五〇〇〇人という規模は、当時としてはかなりの数だ。失業者対策としても大変なものだ。

戦後の日本で、軍事の方面での人材というものは、それほどいるものではない。彼らが警察予備隊に入れれば、吉田は敵方から多くの人材を引き抜いて、味方につけたことになる。それまでは河辺と有末についていた旧軍人も、吉田やその軍事顧問の辰巳の顔色を窺いはじめる。これは大きな変化だ。

ＣＩＣ文書「日本のインテリジェンス機関」は、五〇年一二月に、吉田、宇垣、野村、岡田啓介元首相という豪華な顔ぶれが揃い、講和条約締結後の日本の再軍備について話し合ったことを明らかにしている。話し合いは、岡田が提案書を出し、それについて他のメンバーが考えを述べる、という形で行われたという。(119)

この提案書は宇垣に再軍備を託すということ、憲法第九条を改正し、警察予備隊を強化して再軍備すること、陸上兵力に加えて、海上兵力と航空兵力も確保すること、日米間で防衛協定を結び、占領終結後もアメリカ軍に一部の基地を提供すること、などを提案していた。これは第二グループというより第三グループに引きずられたものといえる。

再軍備に関して力を得てきた吉田の反応が気になるが、彼はほとんどの提案に賛成だった。ただし、「宇垣に再軍備を託す」という提案には反対した。

反対した理由は、宇垣が陸・海・空軍の三軍がそろった国防軍の総司令官になり、河辺がその参謀長ということになれば、その下にかつての大本営参謀や高級将校たちが入ってきて軍国日本の復活になりかねないと恐れたからだ。実際、宇垣はそうしようと思っていたようだ。

しかし、以前は宇垣たちに強い態度をとれなかった吉田は、警察予備隊設置以降、彼らを無視することができた。宇垣、河辺、有末のいずれかがトップになり日本の再軍備を進めるという宇垣の夢は、この時点でほぼ潰《つい》え去った。残ったのは、彼らとは少し距離を置き、ウィロビーと共に国防軍を準備していた服部だった。

第七章　遠ざかっていく自立自衛——絵にならなかった絵

服部、ダレスに国防軍案を渡す

マッカーサーが朝鮮半島統一を目前にした一九五〇年一一月二二日、約三〇万人の中国共産党軍が鴨緑江を越えてアメリカ軍に襲いかかった。アメリカ兵がマシンガンで五〇人を撃ち殺しても、その屍を越えてさらに一〇〇人の中国兵がアメリカ軍陣地に突撃してきたという。いわゆる人海戦術だ。マッカーサーはまったく新しい戦争にひきずり込まれた。その後は、三八度線を挟んで両軍が一進一退を続け長期化していった。

これによって、日本にいるおよそ一〇万人に加え四〇万人前後のアメリカの兵力が朝鮮半島に釘付けになってしまった。この戦争に加わっていないソ連は、ヨーロッパでも中東でも、好きなところで、かなり有利な状態で、軍事行動を起こすことができた。

朝鮮戦争の泥沼化によって、アメリカ政府は警察予備隊の見直しの必要性に迫られていた。つまり、本格的なものではないにしても、日本に軍事力を与え、なるべくアメリカの軍事的負担を少なくする、そして、できれば同盟軍として戦うことができる国防軍的なものにしたいということだ。

ジョン・フォスター・ダレスは五一年に二度目の来日を果たした際、一月二五日に吉田と会談し、講和条約が先か、再軍備が先かと迫った。吉田としては講和条約を締結して早く占領を終わらせたいのはやまやまだが、ダレスの求める国防軍計画は呑めなかった。

実は服部は、このダレス・吉田会談に先立って、国防軍案を提出するようにとウィロビーから要請されていた。ダレスが吉田と交渉をする際の資料にするということだった。この流れで、ウィロビーは服部をダレスと会わせて日本の国防について話させることを計画した。[120]この計画が実行されたかどうかは確認できないが、服部の国防軍案はダレスに渡っていた。ダレスはのちにそれを吉田に一五〜二〇個師団三二万人の国防軍を作るよう要求する根拠として使う。

服部とダレスは、いわば吉田の頭越しに国防軍について話し合った。これだけでも吉田にとって許しがたいのだが、服部は更に吉田の政敵、鳩山一郎と結びつき始めた。『鳩山一郎・薫日記』によると、鳩山はダレスとの会談を前にした五一年一月二三日の夜に服部を自宅に呼び寄せている。しかも、これが初めてではなく実は二度目で、最初は五〇年一二月一九日だった。

鳩山は『ニューズウィーク』の記者コンプトン・パッケナムからダレスが日米講和条約の予備交渉のために日本に立ち寄ることを聞いていたので、パッケナムに密かにダレスとの会談をアレンジさせていた。(121)ダレスが再軍備に消極的な吉田を非難しているとパッケナムから聞かされていた鳩山は、自分が再軍備に積極的だとアピールすれば、ダレスからポスト吉田として引き立ててもらえると期待した。そこで、ウィロビーとも繋がりのある服部から国防案について耳学問しておいたというわけだ。

服部は二回の会見ですっかり鳩山が気に入り、「その真面目で洗練された態度に感銘を受けた」とCICの日本人情報提供者に語っている。さらに服部は、早く鳩山政権が誕生することを望む、という期待も付け加えた。(122)二人は、このあともしばしば会うようになる。

その鳩山は五一年二月六日にダレスとの会談をついに果たした。ちなみに野村吉三郎も国防案を持っていた。そして服部の場合と同じく、ダレスとの会見の前に、鳩山から相談を受けていた（詳細は拙著『ＣＩＡと戦後日本』に譲る）。

服部はウィロビーだけではなく、ダレスなどアメリカの政権幹部や鳩山などポスト吉田の有力政治家の支持も受け始めた。このため、河辺や有末のように急激に力を落とすことはなかった。

W作戦

朝鮮半島でアメリカ軍の苦戦が続いていた五一年、ＣＩＡの極秘作戦が二つ進行していた。一つは児玉のタングステンを買い付けてアメリカに送るというもの。もう一つはビルマ北部で戦う国民党の支援。二つの作戦の全貌と目的を見ていこう。

まず一つ目のタングステンは、砲弾やミサイルの材料になる素材である。前に見たように児玉はこうした戦略物資の調達に関しては戦後の日本では右に出るものがいなかった。そこで元駐日アメリカ大使館参事ユージン・ドゥーマンは、アメリカ国防省のために児玉からタングステンを安く買い付け、その差額からあがる利益を自らの対日心理戦の秘密資金に使うことを考えた。これはタングステンの元素記号がＷであることから、

W作戦と名付けられた。

ドゥーマンはこの作戦を五一年一月にCIAに持ち込んだので、CIAの作戦として実行された。ところが、児玉の部下である高源重吉が詐欺にあってしまい（と児玉側は主張している）、金は渡したもののCIAはタングステンを手に入れることはできなかった。そこで、児玉は自分の支配下にある日本国内の鉱山からかき集めたが、これは品質が悪かった。このためアメリカの共通役務庁（GSA）が受け取りを拒否してしまった。

こうして、アメリカ軍のタングステン調達とドゥーマンの対日心理戦の資金の調達と日本の反共産主義者への資金供与の一石三鳥を狙ったCIAの作戦は、五二年ころには破綻してしまった。

ドゥーマンとCIA副長官（のち長官）アレン・ダレスのあいだには、こののち深い溝が残ったが、児玉の手元には数百万ドルの資金が残ったと見られる。ちなみに、ドゥーマンの対日心理戦には、読売新聞社主・正力松太郎による日本テレビ放送網株式会社の設立を援助するということも含まれていた。(123)

李彌作戦

ＣＩＡの二つ目の作戦は、やはり五一年の初めころから開始されたもので、ビルマ北部・雲南国境に近いところで孤立していた国民党の李彌将軍とおよそ一五〇〇人の兵士に国民党の援軍と武器弾薬を送る、というものだった。ＣＩＡは、まずタイに国民党の援軍を輸送し、そこで訓練し、銃と弾薬を与えたうえで、ビルマ北部にパラシュート降下させて、現地の李彌将軍と合流させた。(124)

これによって中国南部の第二戦線の兵力を増強し、共産党軍を背後から脅かして、朝鮮半島にかかっている圧力を分散させることが狙いだった。これは前年に、辻と富田がヴェトナム国境地帯のフランス軍の収容所に入れられた国民党軍を救出するため、インドシナへ渡っていることを思い起こさせる。彼らもまた国民党軍を支援するために、フランス軍の収容所から救出する手立てを探るために、この地に足を伸ばしていたのは前述の通りだ。

ただし、実際に彼らがインドシナのどこで、何をしていたかは、ＣＩＡに残る文書からは明らかになっていない。公文書とはいえ、日本、タイ、ミャンマー、ヴェトナムなども関わってくるので、これは現在でも公開できないだろう。ＣＩＡ文書や国務省文書や心理戦委員会文書にも、ＣＩＡの作戦のことはでてくるが、そこに辻や富田など旧日本軍人の名前はでてこない。結局、このＣＩＡの作戦は大失敗に終わった。五一年ころ、李彌の国民党軍は国境を越えて中国に入ろうとしたが、味方の通信兵の中に共産党軍のスパイがいたために、待ち伏せされ、撃破された。

それ以降、李彌は、ＣＩＡが大量の武器と弾薬をパラシュートでジャングルに落としたにもかかわらず、戦おうとしなかった。あとでわかったことから推察すると、武器弾薬を売って生活の糧を得て持久戦に備えることにしたようだ。現在でも、その残党が中国国境にも近いミャンマー・タイ・ラオスの「黄金の三角地帯」で暮らしているという。

第二戦線とマッカーサー解任

この第二戦線は、意外なことにマッカーサー解任と深く関係していた。

五一年三月八日、蔣介石は国民党軍とアメリカ軍が連合して第二戦線を開くことについてマッカーサーに意見を求めている。といってもそれ以前から開いているのだから、蔣介石のいう意味は、アメリカの正規軍を本格投入してくれということだろう。マッカーサーの答えはイエスだった。

三月二四日、マッカーサーは以下のような声明を『ニューヨーク・タイムズ』などアメリカのマスコミに発表した。

わが軍はいまや事実上南朝鮮を組織的な共産党軍から解放するに至った。（中略）国連が戦争を朝鮮地域に限定するという寛大な努力を捨てて、わが軍の作戦を中国の沿岸地域や内陸基地（傍線筆者）にまで拡大するよう決定したならば、中国はかならずや切迫した軍事的崩壊の危険にさらされることになるだろう。(125)

注意すべきは傍線部分だ。これまで指摘されてこなかったが、「沿岸地域」と「内陸基地」とは、国民党軍と「日本人義勇軍」の共同作戦地域である舟山群島と中国南部の国境地帯を指していると考えていいだろう。

つまり、マッカーサーは、トルーマンに台湾中立化政策をやめ、朝鮮半島での限定戦争をやめ、舟山群島と中国南部の第二戦線にアメリカ軍を本格投入するならば、共産党軍を軍事的崩壊へと導くことができる、と述べているのだ。朝鮮半島で迅速なる勝利を得るには、舟山群島や中国南部で勝利する必要がある、という論理だ。

このあとマッカーサーは蔣介石に対して、次のように返書を書いた。

> ここアジアは、共産主義陰謀家たちが世界征服のための活動舞台として選んだところである。（中略）外交官がヨーロッパで、言葉による戦いをしているあいだに、アジアでわれわれは、ヨーロッパの戦いを、武器をもって戦っているのである。われわれがアジアで共産主義に敗れるならば、ヨーロッパをも必然的に失うであろうし、アジアで勝てば、ヨーロッパはかならずや戦争から免れ、自由を保持できるであろう。にもかかわらず、一部の人々にとっては、これらのことを理解するのは不思議と困難なことらしい。貴下（蔣介石）も指摘されたように、われわれは勝たねばならない。勝利にかわるものはなにもない。[126]

回りくどいが、要するにマッカーサーは、トルーマンの朝鮮戦争不拡大方針に反対を表明している。トルーマンの方針は、アジアよりもヨーロッパを重視し、アジアに戦力を割いて守りが手薄になっているところを突かれてヨーロッパを失うことがないよう、限定的兵力しかアジアに投入しない、ということだ。

マッカーサーの論理は、アメリカがアジアで負ければ、勢いにのったソ連は当然ヨーロッパでも戦争を始めるだろうから、アジアで勝たなければヨーロッパは守れない。アジアで迅速な勝利を収めるため、朝鮮半島と中国の第二戦線に、アメリカの兵力を無制限に投入せよ、ということだ。つまり、戦線拡大だ。

これが正しいかどうかはさておき、マッカーサーのこの発言は、アメリカ軍の最高司令官としての大統領の権限を侵すものであり、かつ軍人は政治に口出ししてはならない、というルールを破るものだった。彼の書いた返書は政治的に利用され、五一年四月五日にアメリカ下院で読み上げられることになった。

このため、四月一一日、トルーマンはついにマッカーサーを解任した。『トルーマン回顧録』にある四月六日の日記では、解任を決意した理由として「(マッカーサーは)私にとくに敵対的な声明のコピーを新聞や雑誌に送った」ことがあげられている。(127)

マッカーサーの右腕ウィロビーも、翌月には帰国することになった。ウィロビーはマッカーサーの余りにも近くに、長くいすぎたので、後任のマシュー・リッジウェーに邪魔もの扱いされることは明らかだった。もう一人の側近でGSのトップであるコートニー・ホイットニーも、マッカーサー解任後まもなく帰国している。

マッカーサー解任で服部だけが残った

マッカーサーの解任とその一ヶ月後のウィロビーの離日は、宇垣機関の河辺や有末、そして服部と彼の国防軍案の運命を決定的に変えた。

五一年三月の段階では、河辺や有末はまだ吉田に国防案を提案することができ、吉田はウィロビーの手前、それに強く反対を表明できなかった。ところがウィロビーが日本からいなくなると、吉田は手のひらを返して、彼らを相手にしなくなった。

一方、服部の場合は、すでにその国防軍計画にダレス、鳩山、ＧＨＱ、国防総省などから支持を取り付けていただけに、河辺や有末のように無視されることはなかった。また、仮に服部がこれらの人々の支持が得られていなかったとしてもなお、服部が作った国防軍案は、余人には作れないものなので捨て去ることはできなかった。

アメリカとソ連と中国共産党の戦力を分析し、ソ連と中国共産党（あるいはその連合軍）の日本侵攻をシミュレーションできるのは服部しかいなかった。また、服部が持っている幹部候補リストは、国防軍を編成するうえで必須のものだった。

五一年九月にサンフランシスコ講和条約が調印されると、服部個人のＧＨＱでの人気がどうあれ、彼の国防軍案と幹部候補者リストを吉田は無視することができなくなった。講和条約締結と占領終結の条件は、日本が再軍備することだったからだ。吉田は再軍備を急がなければならないのだが、そうなると否応なく服部はキーパーソンになっていった。これを証拠付けるのが、次のCIC報告書の記述だ。

五一年八月、警察予備隊が佐官クラスの隊員の募集を始めたとき、辰巳は増原恵吉に候補者のリストを提出した。そのリストは服部卓四郎と美山要蔵が作ったものだった。(128)

ウィロビーが去ったあと、服部は復員局に戻っていた。だが、G－2はその服部に密かに資金を出し続けていた。右の引用文中にでてくる美山はそのトップである。つまり、服部は自分が作成した幹部候補者リストをそのまま提出せず、美山と協同で作成した案として佐官クラスの推薦者リストを共同提出した。それを吉田の軍事顧問である辰巳が受け取って、たたき台にし、三人のアドヴァイザーの助言をうけて人事案にした。この三人とは細田煕(部隊編成と兵員動員)、高山信武(防空体制と施設補強)、宮野正年(兵員の訓練と教育)だ。彼らは前年に、警察予備隊訓練所の教官にも起用されていた。

辰巳はこの人事案を増原に提出した。吉田の側近の岡崎勝男（外務大臣）や白洲次郎はこの人事案が服部案と重なるのを問題視した。だが、優秀な人材というものは、そんなにいないので、重なるのも仕方がないことだった。

吉田と増原は、この人事案を受け入れた。彼らはウィロビーと服部が人事案を持ってきたときははねつけたのだが、それと大枠で同じものだとわかっていても、辰巳の人事案として提出されたので受け入れた。(129)

あらたに佐官クラスの幹部として採用された旧軍人は、警察予備隊が保安隊、そして自衛隊と移行していったとき、その幹部となった。ということは、現在の陸上自衛隊の産みの親は服部であり、産婆は辰巳だったということになる。彼らはともに湯恩伯によって帰国を許され、同じ船で復員した間柄だった。

海上自衛隊と航空自衛隊に関していうと、野村が産みの親になるが、旧海軍と犬猿の仲にあった陸軍出身の服部や辰巳は関係していなかった。アメリカが、この当時考えていた日本の国防軍は、本土のみを専守防衛するものなので、海軍力も空軍力も必要ないと考えていた。それを野村が粘って創設にこぎつけるのは、もう少しあとのことになる。

国防軍案をめぐる服部と辰巳の食い違い

サンフランシスコ講和条約が結ばれて、国防軍の編成が現実のものとなると、国内ではそのトップに擬せられている服部に対する風当たりが強くなった。

CIC報告書は、岩畔、土居、塚本（誠・元陸軍大佐）、林（三郎・元陸軍大佐）など、ほかの機関の旧陸軍軍人たちが必死で服部の足を引っ張ったことを明らかにしている。(130)国防軍の中枢を担おうという旧軍人たちが互いに足の引っ張りあいをしていて、まるでシチリア島のヴァンデッタ（復讐）やシカゴのギャングの戦争を見ているようだというのだ。

通説では、このころから辰巳と服部の対立が強まったことになっている。その要因としては国防軍に対する考えかたの違いがある。辰巳は警察予備隊をベースとして国防軍的なものにしていく、という考えだった。これだと、治安維持隊なのか国防軍なのかわからないが、多少人員が増えるだけで安上がりにできる。

これに対して、服部は警察予備隊とは別に国防軍を作ることを考えた。治安維持隊ではなく、あくまでも軍としての国防軍を作るのだから、人員も予算も大規模なものになる。もともと、一五～二〇個師団三〇万人程度の国防軍を考えていたので、七万五〇〇

○人の警察予備隊をベースにする、というのは落ち着きが悪かった。

このような考え方の違いもあって二人の仲が悪くなった、とこれまではされてきた。ところがＣＩＣ報告書を読むと、事実は違っていたことがわかる。なるほど二人は考え方が違っていたが、にもかかわらず仲は依然としてよかった。ＣＩＣ報告書では、吉田が服部に対して持っている悪感情を辰巳が変えようと努力している、と報告されている。[131]別の文書では、辰巳が晴気《はるけ》慶胤《よしたね》（元大本営参謀本部支那課長）に対して、服部は、私心はまったくなく、自分が幕僚長になることも、部下を幹部にすることも考えていないとしている。また、世間の目が自分たちに集まっているので、会うことを避けているが、用事で会わなければならないときは夜訪ねていっている、とも明かしている。[132]

ともすれば辰巳は吉田の側に立っていたと思われがちだったのだが、実際には違っていたのである。それは、吉田の軍事顧問になりながらも、河辺機関やＫＡＴＯ機関で秘密工作に加わっていたことからもわかる。また、彼は河辺や有末や服部の側に立って吉田に再軍備を促す、ということもあった。もっともわかりやすい例としては、吉田が五二年にした世論調査の結果をアメリカ側にもらしたことが挙げられるだろう。[133]この世論調査では国防軍を持つべきだと考える国民が六〇パーセントいるのに対し、持つべきでないと考えるのは四〇パーセントだった。

吉田は再軍備を迫るアメリカに対し、国民世論がそれに反対だという証拠を突きつけて拒否しようとしたのだが、思惑とは反対の結果がでてしまった。だから、吉田はアメリカ側にこの世論調査のことを隠していたが、辰巳がアメリカ側に漏らしてしまった。辰巳はそうすることでアメリカが吉田に圧力をかけて、再軍備に踏み切らせようと考えたのだ。

このように、辰巳は服部とは考え方が多少違っていても、決裂するということはなかった。マスコミや世間の見方とはちがって、彼は吉田を支持し、服部に反対していたわけではない。どちらかというと、彼は服部の側に立ち、なんとか二人の折り合いをつけて、その幹部候補者リストや国防軍案を吉田に受け入れさせようとしていた、といえる。彼も本質的に軍人であって、吉田の秘書ではなかったのだ。

服部国防軍の中身

服部は、このころには彼の第二期国防軍建設案をかなり具体化させていた。

ＣＩＣ報告書の中からは、服部が作成した「日本は国防軍を持つべきか」という文書がでてくる。これには日付が入っていないが、前後関係から五一年の末から五二年の初めにかけて作成された、と推定できる。これは服部が、ソ連の日本侵攻とそれに対する防衛戦をシミュレーションしたものだ。その概要は以下の通りである。

「ソ連の当時の戦力は二〇〇個師団で、その中で極東に回せるのは二〇個師団と概算できる。航空兵力に関しては、当時極東の戦争に振り向けることができるのは三〇〇〇機から五〇〇〇機に過ぎない、と推測している。

また、ソ連が中国と同盟した場合も想定しなければならない。その場合、中国の人口一〇億人のうち、実際に戦力となるのは四五〇万人で、そのうち日本と戦争した場合に動員できるのはおよそ三〇個師団で五〇万人程度だと考えている。（朝鮮戦争では中国は三〇万人を投入した）

これに対して当時のアメリカの地上軍全体の規模は二〇〇個師団だった。このうち日本には六個師団から八個師団常時駐留させていたが、極東有事の際には、三ヶ月以内にさらに約四五万人、およそ三〇個師団の兵力を動員することができる。アメリカの飛行機の生産能力は年産一〇万機で、当時極東に実戦配備できるのは六〇〇〇機から七〇〇〇機だ。

この概算でいくと、ソ連と中国が連合して日本を攻撃した場合、これをアメリカと日本で迎え撃つためには、およそ五〇個師団の地上兵力が必要になる。アメリカだけでは地上兵力は一五から二〇個師団不足する。

ここから日本の国防に必要な地上軍の規模は、一五個師団から二〇個師団だということになる。一五個師団ならおよそ二〇万人、二〇個師団なら三〇万人余りになる。

ソ連の航空兵力に関しては、アメリカだけで対抗できるが、日本も最低一〇〇〇機ほどは保有したほうがいい。これに日本のシーレーンを守るための一二万トンの海軍の艦船が加わる。

このような二〇個師団の地上軍を創設するための予算は総額六〇〇億円で、その維持費は毎年五〇億円になる。これは地上軍の人員についての予算で、兵器や装備についてはまた別だ。そして、海軍力、空軍力もさらに加えなければならない」

以上が、「日本は国防軍を持つべきか」の中身だ。

五二年一月二八日付の「再軍備と旧軍人の活動」と題されたＣＩＣ報告書にも服部の対ソ連防衛シミュレーションがでてくる。それによれば、第三次世界大戦が起きたとき、ソ連が日本攻撃のために動員できるのは一五個師団から二〇個師団のあいだだとされている。これを日本が単独で迎え撃つには一五個師団から二〇個師団必要だということになり、同じ結論にいきついている。

ソ連による侵攻だけを問題にしているのは、中国には航空兵力も海軍力もほとんどないので、東シナ海と日本海を隔てた日本本土に単独で侵攻する事態は考えにくいからだ。

リッジウェーは服部に冷淡だった

サンフランシスコ講和条約締結後、リッジウェーは吉田に対して、それまで以上に警察予備隊の増強と、再軍備を急ぐよう要求した。その際の要求の根拠の一つとなったのが、服部の国防軍案だった。当時の警察予備隊は人員規模では四個師団相当でしかない。これを服部の案のように一五個師団まで強化し、さらに航空兵力も加えなければならない。

ところがリッジウェーが吉田にかけたこの再軍備の圧力は、服部を利することはなかった。むしろ吉田は圧力をかけられるほど、服部へのバッシングを激化させた。

そもそも服部は東條の秘書で、吉田にとって仇敵だった旧日本陸軍の象徴的存在だ。その旧陸軍のシンボルともいえる服部が、国防軍創設に関してしばしば重要人物として名前があがってくること自体、吉田には許せないことだった。

リッジウェーは、服部を庇《かば》うどころか、冷たくあしらっていた。少なくとも彼は、ウィロビーのように服部をひいきすることはなかった。

これは、なぜなのだろうか。デイヴィッド・ハルバースタムの『ザ・コールデスト・ウインター　朝鮮戦争』によれば、マッカーサーは朝鮮戦争の英雄リッジウェーの指揮ぶりを酷評した。つまり、中国軍に攻め込まれても北緯三八度まで押し返すだけで、それ以上進むことをしない「アコーデオン戦争」をし、部下は「引分《タイ》のために死ぬ《ダイ》(die for a tie)」というのだ。(134)

リッジウェーはこれに激怒し、上官ながらマッカーサーを嫌い、それをマスコミに隠そうともしなかった。ウィロビーはそのマッカーサーの右腕であり、服部はウィロビーにとりたてられて警察予備隊の幕僚長に擬せられた男だ。リッジウェーが服部を胡散《うさん》臭く見てしまうのは仕方なかった。

実は、マッカーサーが日本を去った後の五一年七月二二日、ウィロビーはリッジウェーに書簡を送って、服部らを「新陸軍」(New Army) の将校として使うよう助言している。自分がしたことをリッジウェーにも引き継いで欲しかったのだ。(135)

これに対して、リッジウェーは「全部ではないものの、懸念のほとんどは不必要である」と事実上の拒否回答をしている。実際、彼は服部を積極的に支援することはなかった。

しかも、リッジウェーがマッカーサーと交替したあとの五一年四月以降の日付のCIC文書には、ウィロビーと服部が親密すぎること、特にウィロビーが服部を引き立てて国防軍の編成を命じたことを問題視する記述が見られる。(136)

ウィロビーが東條の秘書だった服部を引き立てて、国防軍の編成を命じるというのは、GHQのほかの将校からすれば常軌を逸した行為だった。日本の軍国主義の復活の芽を摘むことこそが重要な占領目的の一つなのに、彼のしていることはまさしく、それに逆行することだった。

したがって、リッジウェーがGHQの最高司令官に就任し、ウィロビーが離日すると、GHQの将校たちは、服部がウィロビーの庇護のもとに国防軍計画を主導するようになった人物だということを改めて問題視し、報告書にもその事実を記載するようになった。

リッジウェーは服部国防案の真の意図を見抜いていた

このころCICが作成したレポート「日本の再軍備と旧日本軍将校の動き」からは、五一年の後半ごろからGHQが服部グループを危険視するようになったことがわかる。

この報告書は要約すると、このように述べている。[137]

「服部たちは、ソ連の侵攻から日本を守るためにアメリカ側三〇～三五個師団、日本側一五～二〇個師団併せて五〇個師団の兵力が必要だと主張しているが、一方ではソ連が日本侵攻に割けるのは二〇個師団だけだ、とも述べている。中国は海上輸送力を持っていないのだから、大きな陸上兵力を持っていても陸続きでない日本を侵略することはできない。中国はこの点で無視できるのでソ連の二〇個師団に対抗できればいいことになる。

ということは、服部たちのアメリカ軍を補完するための一五～二〇個師団という要求は、アメリカ軍が日本に駐留しているということを踏まえれば、水増しされたものだといえる。しかも、服部たちはこの兵力を最終的には四五万人規模にまでもっていこうと考えている。これはソ連の二〇個師団の侵略軍と戦っても一五万人ほど余る規模だ」

アメリカ軍からの自立を果たし、日本の国土防衛に振り向けてもおよそ一五万人も余る陸上兵力を持つことで服部たちが何をしようと考えているかは、彼らが戦前・戦中に何をしてきたかを見ればわかる。つまり、大陸進出だ。それを服部たちは隠そうともしなかった。だから、リッジウェー体制下のＣＩＣは服部に対し不信感と警戒感を露《あらわ》にしているのだ。

五一年の後半ごろから服部たちは、国防軍はアメリカ軍に依存しない自立した軍隊にするべきだとか、どこを基地として提供すべきかは、アメリカ側が一方的に決めるのではなく日本の国防軍との協議の上で決めるべきだ、といった点を強く主張し始めていた。

これは、すでに服部たちが五一年初めに作成した「講和会議に於ける軍事問題に関する考察」で示していた考え方だが、占領が終わりに近づくにつれて服部たちが強くそれを主張するようになったので、ＧＨＱ側もこれを神経質に受け止めるようになっていった。(138)

これにともなって、ＧＨＱの服部評も、五一年末から五二年初めにかけて、はっきりネガティヴなものに変っていった。もともと彼らは服部グループおよび、その国防軍計画を胡散臭いと思っていたのだが、彼らが本性を現し始めたので危険視するようになった。

服部国防軍は「東亜連盟軍」を目指していた

たしかに、服部たちは「編成大綱」の国防軍建設第一期では、アメリカ軍に依存し、これを補う国防力で満足していた。それは前に見た服部のソ連侵攻の際のシミュレーションからも明らかだ。実際、朝鮮戦争勃発後、マッカーサーは日本に命じて、このようなアメリカ軍の補助兵力としての七万五〇〇〇人の警察予備隊を創設させている。ウィロビーの命を受けて、その編成を考えたのは服部だった。

その一方で、「編成大綱」によれば、服部はアメリカ軍への依存をなるべく早い時期に解消しようと考えていた。つまり、現実問題として当分アメリカ依存を続けるが、充分国力を回復したなら、段階を追って国防軍を三〇個師団四五万人まで増強し、アメリカ依存から脱するべきだと考えていた。それを果たしたあとはアメリカと対等な関係までもっていき、アメリカの衛星国の地位から脱したいと願っていた。

その先がまだあって、服部グループが五一年六月に書いた「国防国策」には次のような大きな目標が書いてあった。

日本は国家生存のため（ポツダム宣言受諾で失われた）舊領域（大戦前の領土）を回復すると共に基礎資源を主として大陸就中鮮満の範域に於いて充足し又其の他必需資源の充足を南方及米国に期待しうること。(139)

つまり、アメリカとソ連の脅威から逃れ、国家を安泰にするためには、再び旧領土を取り戻して、基礎的な資源を朝鮮半島や満州から十分得られるようにしなければならないということだ。

これを戦後イデオロギーに染まった人々は、「再び侵略を考えている」と口を極めて非難するかもしれない。だが、服部の観点に立つなら、あくまでこれは広域防衛にすぎない。

戦前・戦中に大東亜共栄圏を築くために作戦を練っていた服部にとって、日本の国防とは、日本に影響が及ぶ周辺東アジア地域を、アメリカとソ連の脅威から防衛することだった。周辺領域をアメリカやソ連に軍事的にコントロールされていては、日本本土だけ守ろうとしても守れないからだ。

軍事力を失ってしまった日本は、アメリカ軍と国民党軍を利用して防衛するしかない。

実際には、国民党軍は頼りにならないので、アメリカ軍だけが頼りだ。

しかしながら、服部にはアメリカを使って、共産主義勢力を追い払ったあと、再びアメリカの支配下に入るつもりなどさらさらない。むしろアジアの近隣諸国と連合して日本を中心とする第三極を作って、支配されないようにしなければならない。そうでなければ、米ソ対立の中で、第三次世界大戦に巻き込まれることになる。最終段階の服部の国防軍は、規模が四五万人と大きくなるだけでなく、「東亜連盟軍」的なものに発展することが想定されていたのだ。

アメリカは日本の軍事的自立を望まなかった

このような服部の国防軍構想は、彼がウィロビーと警察予備隊を立ち上げようとしていたときは、それほど問題となっていなかった。当時は、まず警察予備隊を、ついでこれを国防軍的なものにしていくことが重要だった。だから立ち上げた後、何を最終的に目指すかは曖昧にできた。

しかし、リッジウェーがマッカーサーの後任に就いたのは、警察予備隊が設立され、それが保安隊に増強される計画が出ていたときだった。このときには服部は、警察予備隊の次にくる国防軍的なものをどのようなものにするのか、そして、それを自立自衛にむけてどのように発展させていくのかまで視野に入れていた。

リッジウェーや国防総省の幹部にとって、保安隊やその後継の組織が、アメリカの強力な同盟軍になるのはいいが、自立自衛を達成し、自分たちの影響から脱し、大陸に進出し、アジアの国々と連合して第三極を作るのは困るのだ。

五一年の末、GHQは占領を終え、アメリカに引き揚げる準備に入った。河辺、有末は最期のときを迎えた。CIC報告書「河辺インテリジェンス機関の解体」は、次のように河辺機関の解体について記述している。

　極東司令部のG－2は河辺虎四郎に一九五一年一二月初旬に彼のインテリジェンス機関の支出に充てる次の会計年度の予算が取れなかったと告げた。このため、大幅な組織の人員削減と活動範囲の縮小が必要となるだろう。河辺はこの一方的な決定に怒り、G－2の縮小案を呑むのではなく、解散を決定した。(140)

最終的に解体されることを予測していたので、G－2の決定の前に、河辺は警察予備隊に一五人の部下を入隊させていた。河辺機関の一部であった有末機関も同じ運命をたどった。

第八章　しのびよる戦後――フェードアウトする絵

「新情報機関」計画

戦前の日本はインテリジェンス大国だった。ところが、戦後は大国どころかまともなインテリジェンス機関すらない国になってしまった。その淵源をたどると、服部の国防軍計画がフェードアウトしていくのと並行して起こった、新インテリジェンス機関設立計画の挫折に行き着く。しかも、この過程で、河辺や有末の部下で、先の大戦で経験を積んだ情報戦士が行き場を失うことになった。どうして、このようなことになったのだろうか。

ＣＩＣ報告書によると、ＫＡＴＯ機関の中には、戦時中ＭＡＴＳＵ、ＦＵＪＩ、ＵＭＥ、ＲＡＮと呼ばれていた特務機関で通信傍受、暗号解読に携わっていた旧軍人のグループの一部で、占領中も引き続き同様の業務に携わっていた人々がいた。[141]

日本はながらくソ連を仮想敵国とし中国共産党と戦いを交えてきた。このため、ソ連と中国共産党の暗号解読を専門とするエキスパートを育ててきた。これに対し、アメリカは四七年まではソ連も中国（国民党と共産党）も同盟国という扱いだったために、このようなエキスパートを養成してこなかった。だから、日本を占領したとき、いの一番にこれらの旧軍人を探し出し、G-2に協力させていた。

ところが、五一年にサンフランシスコ講和条約と日米安全保障条約が結ばれ、翌年に発効したことで占領が終わり、河辺機関もGHQから「予算」が得られなくなっていた。

CIC報告書には、河辺が設立が予定されている「政府のインテリジェンス機関」に部下を入れようと努力しているとでてくるので、彼が抱えきれなくなった通信傍受・暗号解読の専門家がいたことはたしかだ。[142]

このこともあったのか、土居と辰巳は、早くも五一年に民間のインテリジェンス機関である「大陸問題研究所」を設立している。その後、警察予備隊を強化してより国防軍的な保安隊にしようという話が出ると、宇垣機関のメンバーは、大陸問題研究所をベースとして、政府部内に「新情報機関」を作ることを計画し、人材集めまでしていた。[143]

そして吉田も、その必要性を認めていた。というのも、彼は警察予備隊が国防軍的なものに変わることは避けられない、と五一年後半の段階で覚悟していたからだ。国防軍的なものが作られるのなら、インテリジェンス収集のための「新情報機関」はどうしても必要だ。

吉田の服部バッシング

一方、吉田は占領が終わることが決まって以来、服部の牙城となっている復員局資料整理部を廃止しようと圧力をかけ続けた。(144)服部グループの再軍備案は復員庁史実調査部（復員庁は四七年一〇月一五日に廃止されたので実際は復員局）の資料として作成されている。吉田が復員局資料整理部を廃止しようと躍起になるのは、このためだった。だが、この部局はもうしばらくのあいだ永らえることになる。

さらに吉田は、服部を保安隊編成においてきわめて重要な委員会から締め出した。旧陸軍の軍人を警察予備隊や保安隊の幹部にするためには公職追放を解除する必要があったが、服部はこの追放解除審査委員会（元軍人の追放を解除すべきかどうか審査する）のメンバーに入れなかった。服部だけでなく、河辺も有末もこの委員になれなかった。

五二年二月に委員に内定したのは上月良夫（元陸軍中将）、下村定（元陸軍大将）、飯村穣（元陸軍中将）、辰巳栄一、宮崎周一、山本茂一郎（元陸軍少将）だった。(145)

この段階で河辺や有末だけでなく、服部も警察予備隊のあとに続く保安隊の編成に影響力を持てなくなったと思っていいだろう。日本の再軍備は、彼ら宇垣派抜きで進むことになっていった。保安隊編成のとき、彼らとつながりのある旧軍人には声がかからなかった。むしろ、つながりがあるという理由で排除された。吉田は辰巳に服部と交際を絶つようにと厳命していた。リッジウェーやGHQ幹部はこれを静観するだけだった。

服部の周囲にいた旧軍人は、初めこそは、しかるべく遇されないならば警察予備隊には入らない、と強気のことをいっていた。だが、警察予備隊の増強が進んでいくのに、一向に自分に声がかからないのであせり始めた。やがて、自分が数に入っていないことがわかると、絶望と怒りに駆られた。

服部国防案でアメリカが利用すべき点と抑えるべき点

五二年二月、リッジウェーは吉田に警察予備隊の拡大を求めた。吉田は五二年の六月か七月つまり、サンフランシスコ講和条約が発効して占領が終わるまでには、七万五〇〇〇人から一一万人まで増員することに同意した。

しかし、リッジウェーはなおも日本とアメリカで利用可能な資金を組み合わせれば、五二年度に一五万人から一八万人へ、五四年度には三〇万人から三二万五〇〇〇人に増強できるので、それを約束すべきだと迫った。これは前に見た服部の主張と、ほぼ同じだ。

したがって、リッジウェーは日本側で同じことを主張している服部を再軍備のためにもう少し利用してもよかったはずだ。だが、そうしなかった。

それは、リッジウェーをトップとするGHQが、服部を利用こそすれ、信用してはいなかったからだ。前述の通り、ウィロビーは帰国するにあたって、服部を「新陸軍」に使ってはどうかと進言したが、これをリッジウェーは無視した。

ウィロビーはマッカーサーに「リトルファシスト」と呼ばれたほどの人物なので、日本のファシストのシンボル的存在である服部に対して好意を持っていた。だが、これは先の大戦でファシズムを敵としてきたアメリカの軍人としては例外的だった。

リッジウェーや彼の幕僚たちは、この点に関してはむしろニュートラルだった。つまり、ひいきをするのではなく、服部たちの利用するべきところは利用し、抑えるべきところは抑えようとしたということだ。

利用すべきところとは、一五から二〇個師団で三二万人規模の保安隊（のちに自衛隊）を編成すべし、という服部の主張だ。これに対して抑えるべきところとは、彼がそのあと三〇個師団四五万人の国防軍建設第三期まで進めようとしているところだ。

しかも、「編成大綱」によれば、この国防軍建設第三期では国防軍はアメリカ軍の助けを借りず、自立自衛することになっていた。たしかに服部のシミュレーションでは、五〇万の陸上兵力があれば、日本単独でソ連の侵攻に対抗できる。

服部の国防軍建設計画のこの部分こそ、アメリカが抑えていかなければならないところだった。だからアメリカ側は、占領が終わった五二年四月に、服部の復員局資料整理部への資金援助を打ち切ることを通告した。

占領終結のあとは、駐留アメリカ軍か日本の国防軍的なものが、河辺機関や有末機関や服部機関のうちの有能な人材を引き取るべきなのだが、吉田は、保安隊にも「新情報機関」にも宇垣派の元高級将校たちの息のかかった人間を入れるつもりはなかった。駐留アメリカ軍側も、更迭された最高司令官の副官が残した負の遺産である、これらの秘密機関の人材に救いの手を差し伸べようとはしなかった。

緒方と「新情報機関」

吉田は、五二年の初めには、「新情報機関」の創設に前向きだったが、いざそのときがくると次第に消極的になっていった。同年四月には、吉田は心変わりして、まず保安隊の編成を先にして、「新情報機関」は後回しにすることを決定した。(146)

その直後の四月九日に内閣総理大臣官房調査室（以下官房調査室とする）が設置されている。室長に任命されたのは内務官僚出身で、かつて吉田の秘書を務めた村井順だった。つまり、吉田は、本格的な情報機関ではなく、まず総理大臣の秘書室のようなものを作っておいて、準備が整ったら、次の段階でこの組織を拡張しようと考えたのだ。おそらく警察予備隊が保安隊に改編されるのが五二年の一〇月なので、それにあわせて強化していこうと吉田は考えたのだろう。

事実、同年九月ころのＣＩＣ報告書には、吉田が新しいインテリジェンス機関を作ろうとしているのだが、内閣官房長官の保利茂、外務大臣の岡崎勝男、保安庁次長の増原恵吉などが総選挙の準備のために忙しくてできずにいると記述されている。(147)たしかに、一〇月一日投票の総選挙が迫っていたので忙しかった。

この選挙が終わったあとに登場してきたのが、緒方竹虎だった。彼は戦中に情報局総裁、終戦直後に内閣書記官長という要職につき、辻や児玉とも関係があった。

緒方が土居と極めて親密な関係だと報告する文書がいくつもG-2とCIAにあがっている（たとえば辰巳ファイルにある五一年一一月九日付報告書）。緒方は辻とともに五二年一〇月の総選挙に立候補し、見事当選を果たした。そして当選後、吉田内閣で官房長官の重職に就いた。彼はその後「新情報機関」構想を打ち出した。

緒方のこの動きは宇垣機関の幹部たちの意を受けていただけでなく、官房長官に任じられたことからもわかるように、ある程度までは吉田の支持も受けていた。リッジウェーの要求を受け入れて警察予備隊を国防軍的なものにしようとしているのだから、インテリジェンス機関は必要なのだ。それでも吉田の心から去らなかった恐れとは、旧軍人からなるこの「新情報機関」が、戦前のように暴走しはしまいか、ということだった。以下で見るように、これは吉田だけでなく、当時の日本のマスコミも抱いていた懸念だった。

「新情報機関」を五二年一一月二〇日付読売新聞は次のように紹介している。

一、海外から放送発信されるラジオ、テレビ等を受信聴取してこれを収集、分析する、とりあえず当初の目標を毎日三・四〇万語のラジオ聴取におく、なお国内の新聞、通信等はことごとく集める。

一、これには三〇〇名内外の技術者と少数の優秀な指導者を置くが官庁のみからでは人材が得られないので民間報道機関などから広く優秀な人材をもとめる。

一、合理的に科学技術の力を用いるから予算は多額を要しない。

この機関は内閣直属とするが、戦時中の「情報局」復活と誤解される恐れがあるのでこれを公益法人とする。

一、日共（筆者註・日本の共産主義者）秘密情報資料なども現在の国警、公安調査庁などとは別個に集め分析する。

二大全国紙、毎日新聞、読売新聞を中心とする各メディアは、紙面を大きく割いてこの「新情報機関」構想を批判した。彼らの目には、この「新情報機関」が戦時中に言論統制などを行った情報局の復活と映ったからだ。かつ、朝日新聞出身の緒方主導でこのような機関が作られた場合、朝日はもちろんのこと、共同通信社（戦後、時事通信社と分割される前は同盟通信社)、ＮＨＫ(戦前・戦中に朝日新聞から幹部を迎えていた)など、朝日新聞と関係が深かったメディアがその中核となって、ほかのメディアがわりを食う可能性が高かったからだ。

結局、「新情報機関」構想は、五三年一月の段階では、当面官房調査室を拡充することにとどめ、この組織に正式定員三〇名、実働員七〇名を増員し、四班体制から七班体制にすることで妥協が成った。元の案の正式定員三〇〇人からは大きな後退になった。

緒方はこれに不満足だったので、五三年九月には「国際情勢調査会」、翌年には「中央調査社」の設立を提唱したが、やはりメディアの激しい攻撃にさらされた。しかし緒方は、このようにバッシングにさらされながらも「新情報機関」構想(「国際情勢調査会」と「中央調査社」を含む)を粘り強く進めた。それは彼や旧宇垣機関の関係者が考える日本の再建に、とりわけ国防に、不可欠のものだったからだ。

緒方は「新情報機関」設置の過程でＣＩＡと密約を結んだ。その密約とは、緒方のほうは共産圏から通信傍受した情報と引揚者から聞きだした情報をＣＩＡに提供し、ＣＩＡは新インテリジェンス機関創設の資金とＣＩＡの基礎的情報を提供する、というものだ。その資金は三万九四五八・三四ドル(現在の円に換算するとおよそ五八二四万円)

と、当時としてはかなりの額だった。(148)注目すべきは、この資金は日本政府でも官房調査室でもなく緒方に直接渡されることになっていた、ということだ。これは保守合同後に鳩山と総理大臣の椅子を争っていた、緒方の政治資金の一部になった可能性がある。実際そうだったのかどうか、またCIA資金がどのように使われたのかについては、CIAの側にも、もちろん日本の側にも記録は残っていない。

国際反共同盟軍戦士のその後

このころ根本、富田、李彌ら国際反共同盟軍の戦士はどうしていただろうか。そして、緒方の動きの蔭になって、目立たなくなってしまったが、服部はどうしていたのだろうか。

根本から、その後の動きを追っていこう。彼は五二年六月二五日にすでに空路、日本に帰国していた。彼は飛行機から降りるとき、わざわざ釣竿を持って出てきた。出かけるときは「釣りにいく」といって釣竿をもっていったので、釣りから帰ってきた、ということだろう。記者団から、台湾で何をしていたのか、と問い質されても、とぼけて核心に触れることは何もいわなかった。

舟山群島防衛は国民党海軍の任務になっていた。「日本人義勇軍」は五〇年八月限りで打ち止めになり、その後は派遣された形跡はない。根本のいる場所は台湾になくなっていた。

一方、四九年の派遣以来、富田たちは、「外籍教官団」として、そのまま台湾に残った。スタンフォード大学で公開されている蔣介石の日記は、彼が次第にアメリカの軍事顧問団よりも、国民党の部下たちよりも、富田に厚い信頼を寄せるようになっていったことを示している。白団はメンバーが入れ替わりながらも、六九年まで合計八三人の団員を送り続けた。これは日本と台湾とを結ぶ絆の一つとなった。

朝鮮戦争は五三年七月二七日に休戦に入った。アメリカはせっかく成った和平を台無しにしないため、李彌の軍を撤退させることにした。

CIA長官アレン・ダレスは、ビルマ北部の国境に追い詰められた中国国民党の兵士一〇〇〇人をバンコク（そこから台湾への帰路は国民党の負担）へ運ぶための費用四八万一〇〇〇ドルの支出の承認を心理戦委員会に求めた。予算請求そのものは、五三年六月二六日付でタイの現地からあがってきている。(149)

この当時は元OSS長官のウィリアム・ドノヴァンが駐タイ大使に就任したばかりだ

が、新任まもないドノヴァンが、かつての部下のアレン・ダレスと国民党軍兵士の救出作戦を行っていたことが、この文書からわかる。こうして第二戦線は閉じられた。国民党はアメリカの支援による大陸反攻の足がかりも失ったのだ。

これは後日談だが、『ＣＩＡ秘録』は、李彌の残党が「『黄金の三角地帯』として知られる山間部に定住し、アヘンを栽培し、地元の女性たちと結婚した」と述べている。そして二〇年後、麻薬王となった李彌のヘロイン製造所を破壊するためにアメリカは、今度は討伐軍を送ったと皮肉っている。(150)

宇垣機関傘下の機関としては最後まで残った服部機関も、五二年には資金難から活動停止に陥ってしまった。しかも、翌年の五三年三月になると、とうとう服部は復員局を辞めざるを得なくなった。(151)これによって服部は資金源を完全に断たれてしまった。

その一方で、それまで地下に潜っていた旧軍人は表の政治の世界に進出しはじめた。五三年には宇垣が第三回参議院選挙に立候補し、五〇万票を超える大量得票で当選した。宇垣機関はこちらの方面では、それなりの力はもっていたのだ。だが、選挙期間中に倒れ、議員活動はほとんどできなかった。宇垣のあとには前述の辻や野村が続いた。

児玉による政治・経済戦

児玉はといえば、相変わらず日陰で戦い続けていた。旧軍人は、ほとんど秘密工作を止めているのだが、彼はまだ盛んにそういったことを続けていた。ある意味では、彼の裏舞台での動きのほうが表舞台にでた旧軍人の政治家の動きより重要だった。といっても、彼の場合、活動とは主に政界工作とそのための資金調達工作だった。

「日本人インテリジェンス機関」とタイトルのついたＣＩＡ報告書は、児玉が取り組んでいる課題を、以下のように列挙している。

1. 日本共産党を破壊し共産主義の影響力をアジアから排除すること。
2. 日本を反共産主義連盟の主要国とすること。
3. 軍閥（原文でもGUMBATSU）の再武装を通じての国家主義的日本を再建すること。
4. 予想される日本共産党による流血革命に対抗する計画を練り、それに備えること。(152)

児玉はこれらの課題を、鳩山に資金を提供し、保守合同を成し遂げさせることによって果たそうとしていた。

当時は社会党右派と左派があり、これらが統一すれば保守政党を上回る可能性があった。それを防ぐために保守勢力が合同することは、1、2の課題を果たすことになった。また、吉田政権が倒れたあとで、保守勢力が合同すれば、鳩山がいずれ党首となるので、「軍閥の再武装を通じての国家主義的日本を再建すること」は難しいことではない。だから、児玉は吉田政権を打倒し、鳩山を政権につかせるためにあらゆることをしていた。

その鳩山政権が実現する前の五四年七月一日、保安隊よりさらに国防軍的になった自衛隊がようやく発足した。ところが、その規模は結局一六万人に落ち着いてしまった。服部などが考えていた国防軍建設第二期の予定規模も、リッジウェーが日本側に求めた規模もおよそ三〇万人だったから、これはその半分でしかない。だが、アメリカ政府もこの辺が落としどころだと思ったようだ。問題は、増強がこれだけに終わって、三〇個師団四五万人の国防軍建設第三期には進んでいくことは予定されていない、ということだ。

服部や児玉の目から見るならば、これは自立自衛のための国防軍が遠ざかってしまったことを意味する。服部のもとに集まった旧軍人を多数、保安隊に入れることも不可能になった。このような保安隊の戦力では、占領が終わったというのに、日本単独ではソ連や中国共産党軍から防衛できず、したがって日本のいたるところにアメリカ軍の基地を残さなければならない。これはアメリカからの軍事的自立を難しくするだろう。

鳩山政権を実現することによって、もう一度流れを引き戻し、自立自衛という目標に向かって再度踏み出さなければならない。児玉にとって、この目標を達成するための方法は二通りあった。一つは自分の機関を使った秘密工作を通じて。もう一つは鳩山に資金援助をし、彼に目標を達成させることによって。前者は非合法な方法だったが、後者も政治資金を非合法な方法で供給していたので、非合法だったといえる。

保全経済会を利用した政治戦

それが明るみに出た例が、五四年の保全経済会疑獄である。保全経済会は、伊藤斗福という在日朝鮮人が興した「匿名組合」で、一般出資者から資金を募り、これを株式や不動産に投資し、あるいは中小企業などへ貸し出しすることによって増やし、高配当金を出資者に還元する、というものだった。

出資先を探していた伊藤が『新夕刊』(のちに『日本夕刊』)に目をつけ、同社社長の山崎一芳に声をかけたのが、児玉や三浦義一と関係ができるきっかけだったという。(153)

すでに述べたように、この新聞の実質的オーナーは児玉だった。三浦は戦前に国粋主義的雑誌を発行していて、これを児玉が手伝ったことから、この二人はつながりを持つようになった。

戦後、児玉が巨額の資金の保有を背景に右翼の大物になっていったように、三浦も日本発送電の合併にからんで巨額の資金を得て、児玉に匹敵する地位を右翼の中で確立していた。日本発送電とは三八年の国家総動員体制のとき全国の民間電力会社五社が合同して作られたもので、ＧＨＱはこれを九つに分割することを計画していた。このとき三浦は、日本発送電とＧＨＱのあいだに入って調整役をつとめることで、巨額の交渉手数料を得たのだ。

その政治性と資金力があてにされたのか、五二年七月の服部クーデター計画のときにも、ＣＩＡ報告書に協力者の一人として児玉とともに名前を連ねている。

このような共通点を持つ児玉と三浦は、大口の顧客や出資先や政治家を伊藤に紹介するなどして保全経済会への影響力を徐々に強めた。彼らの力が強くなったのは、この「匿名組合」が経営に行き詰まり、その延命のために政治家にいろいろ働きかけなければならなくなったためだ。

児玉と三浦は、この保全経済会の集めた資金を使って政治工作を始めた。国会での社会党の平野力三（顧問）の証言によれば、伊藤は自由党の広川弘禅を通じて池田勇人・佐藤栄作に三〇〇〇万円、改進党の重光葵・大麻唯男に二〇〇〇万円、鳩山一郎と三木武吉に一〇〇〇万円を、それぞれ献金したと語っていたという。(154)

彼らが倒そうとしている自由党主流派への献金よりも、野党や自由党反主流派へのそれのほうが額が大きいが、この裏にはしっかりした計算があった。つまり、政権を担当している議員に多く渡せば、スキャンダルが発覚したときはそれだけ大きな非難を国民から浴びることになるということだ。実際、このスキャンダルは衆議院の予算委員会、本会議、行政監察特別委員会で追及され、池田や佐藤に非難が集中する結果をもたらし、吉田政権の屋台骨を大きく揺るがすことになった。

鳩山を政権につけたが

吉田政権は保全経済会疑獄に造船疑獄（海運会社の船舶の建造費の利子を政府が一部補塡する法案をめぐる贈賄事件）が加わることでとどめを刺され、五四年の終わりについに終焉のときを迎えた。児玉の政治・経済戦が実を結んだのだ。これによって、児玉の政治目標を達成するための道具として、彼が終戦直後から資金を与えて培養してきた鳩山がついに政権の座についた。

鳩山は児玉の期待に応えて、年が明けた五五年一月二二日第二一回衆議院と参議院の本会議において次のように憲法改正、自主防衛、アメリカ軍基地の撤廃という考えかたを明らかにした。

防衛問題に関する政府の基本方針は、国力相応の自衛力を充実整備して、すみやかに自主防衛態勢を確立することによって駐留軍の早期撤退を期するにあります。わが国の自主独立の達成のためには、占領下において制定された諸法令、諸制度につきましても、それぞれ所要の再検討を加えて、わが国の国情に即した改善をいたしたいと考えるのであります。(155)

しかし、児玉にとって不吉な兆候があった。五四年一二月に組閣する際、鳩山は同年六月三日に参議院議員補欠選挙で当選していた野村を防衛庁長官に据えようとした。こうすれば再軍備派の支持がますます自分に集まるからだ。

ところが、吉田の流れをくむ官僚たちが、野村は武官（軍人）出身なので、文民統制の原則からいって、文官の長である防衛庁長官にはなれないと反対した。委細構わず押し切ってしまうということも考えられたが、鳩山の優柔不断もあり、野村防衛庁長官就任は見送られた。この見送りが不吉なのは、ようやく鳩山政権が成立したのに、彼が児玉や辻や服部が求める軍備増強を進めようとせず、あまつさえ容共路線をとる気配を見せていたからだ。この分では、自立自衛のための軍備増強も見送りになるかもしれなかった。

五四年の年末、鳩山のもとに元ソ連駐日代表部のアンドレイ・イワノヴィッチ・ドムニツキーが訪れた。彼は日ソ問題を解決し、国交を回復することを鳩山に求めた。「友愛」を家訓とし、もともとオポチュニストである鳩山はこれに乗った。ライヴァル吉田の政治的功績は、サンフランシスコ講和条約をまとめ占領を終わらせたことだが、鳩山はソ連との国交回復を成し遂げ、北方領土問題とシベリア抑留問題を解決することで吉田のそれに匹敵する政治的功績を成し遂げようと考えたようだ。

問題は、この政治課題に取り組めば憲法改正と軍備増強はできなくなる、ということだ。それは、ソ連を刺激するからだ。

児玉、鳩山を捨てて緒方に走る

児玉は鳩山の変節に憤慨して、彼らの間にはしばらく険悪な空気が流れた。ＣＩＡ文書は、児玉の驚くべき行動を明らかにしている。つまり、児玉は鳩山を見捨て、緒方に乗り換えることにしたのだ。次のＣＩＡ報告書は、鳩山の背信行為とそれに対する児玉の反応を明らかにしている。


一九五五年六月二三日以下の情報がⅣ８３１（情報提供者の暗号）から得られた。

児玉・三浦のグループの最重要目的は、吉田内閣を倒し鳩山内閣を作ることだった。これは三木武吉の協力によって実現した。児玉・三浦グループは憲法改正、日本の再軍備、反共産主義国防組織の設立を意図している。

しかしながら、民主党のメンバーのあいだで政治的見解が異なるため鳩山内閣は不安定だ。したがって、鳩山は再軍備政策を積極的に進めないばかりか、共産主義国と外交関係を再開し、これらの国との貿易を促進することに積極的になっている。

児玉・三浦グループと鳩山グループのあいだではよそよそしい空気が流れている。鳩山

内閣が弱くて再軍備政策を実行できないとなれば、児玉・三浦グループはすぐに自由党の緒方派に寝返るだろう。(156)

この報告書からもわかるように、児玉（そして三浦）は終戦直後からずっと肩入れしてきた鳩山を見限り、緒方に近づこうとしていた。このことは、前に述べたことを一層はっきり示している。

児玉の目的は、鳩山を政権につけることではなく、「日本を反共産主義の主要国」とし、「自主防衛できる日本を再建」することだったということだ。鳩山の裏切りを見た児玉が、緒方擁立に動いたということが、それを証明している。

緒方は児玉とは思想的にも近く、繆斌工作や東久邇内閣でも児玉と関わり合いがあったことは前に述べた通りだ。

もともと五四年の末に鳩山が政権をとったのは、自力によるものではなかった。自由党が緒方支持派と吉田支持派に割れたので、鳩山に政権が転がり込んできたのだ。しかも、国会議員による首班指名では社会党の票をもらってようやく当選している。これでは次の選挙では危ない。

疑獄事件が続き、保守系政党はすっかり国民の支持を失っていた。社会党の右派と左派は議席数を伸ばし、統一するならば政権与党の民主党を上回る勢いを見せていた。このままでは、左翼政権が誕生してしまう。

そこで児玉と三浦は保守合同を工作することになった。これが成し遂げられれば、緒方政権の誕生が早まるかもしれない。鳩山はもう総理大臣になっているが、緒方はまだなのだから、民主党と自由党が合同するとなれば、初代総裁は緒方というのが筋だ。そこで、児玉は三浦義一と一緒になって小豆相場を操作し、九〇〇〇万円の利益をあげて保守合同に資金提供した。(157)

五五年一一月一五日、保守合同が成り自由民主党が誕生した。だが、鳩山と緒方は憲法改正、自立自衛、アメリカ軍基地の撤去を党是と決めたが、総裁は決めなかった。その選挙をすると、せっかくこぎつけた合同に再びひびが入るからだ。総裁選挙は、合同して地固めをしたあと、翌年の四月に行うことにした。

緒方の死が再軍備の目算を狂わせた

ところが、児玉たちの頼みの綱となっていた緒方が、五六年一月二八日に風邪をこじらせて死去した。これは自立自衛を切望する児玉にとっても打撃だが、官房調査室にとっても打撃だった。「新情報機関計画」も、これによって挫折してしまった。

鳩山は、五六年四月五日に初代自民党総裁になったが、軍備増強には不熱心になっていった。その典型的な例は服部を見捨てたことだ。五六年、服部を国防委員会の参事にする話がでた。吉田政権でバッシングされた服部と辻は、鳩山政権では軍事顧問に収まっていた。鳩山はこれによって軍備増強派の支持を集めてもいた。

ところが、同年一一月になって、国防強化のためにわざわざ作った国防委員会が開催されることになったとき、不適格な委員がいるとして、開催が延期になった。社会党系の国会議員が、かつて大本営の中枢にいて日本を戦争に引きずり込んだ服部が国防会議に入るのは望ましくない、と主張したのだ。この問題は、一一月一九日の参議院本会議にも問題として取り上げられた。

しかし、政治の世界では、鳩山を始めとして公職追放になった政治家が復帰しており、辻も含めた戦争犯罪容疑者さえ国会議員になっていた。自衛隊にも、公職追放を解除して入隊させた旧日本軍の軍人たちが数多くいた。

この期に及んで、服部の過去（たとえば東條の秘書だったこと）を理由に差別して国防委員会から締め出すのもおかしな話だ。だが、自分を再軍備派として売り込むときにはさんざん利用したにもかかわらず、鳩山は窮地に陥った服部を助けるために、いかなる政治的イニシアティヴもとろうとはしなかった。結局、服部の参事就任は見送られ、その後このような話がでることはなかった。

山西残留兵は「軍命」を主張した

戦後一〇年あまりという時間の経過は、山西残留兵の意識の変化にも感じられる。元山西残留兵は、五六年の末に開かれた国会の「海外同胞引揚及び遺家族援護に関する調査特別委員会」で、次のように主張して政府に善処を迫った。

自分たちは「軍命」にしたがって共産党軍と戦ったのだから、軍人として扱ってほしい。つまり、終戦後も自分たちは軍人なので、その後の戦いで死んだものは戦死として扱い、生き残ったものには軍人恩給を支給して欲しい。

こう要求するために、彼らは「自分たちは上官に命じられて有無をいわさず戦わされたのであって、祖国再建や大アジアの大義のために自ら望んで戦ったのではない」という主張を展開した。

ところが山岡などは、「軍命」ではなかった証拠に、上官の要求にしたがったもののもいたが、したがわなかったものもいた、だからしたがったものは自ら志願したのだといって、この主張に反駁した。(158)

これが、戦後というものだった。戦後体制が固まるにつれて、残留兵たちは、戦争はすべて悪で、自分たちも「命じられて仕方なく戦った」と振り返るようになった。そして、この点を国会の場で、当時の司令官や上官と争うのも厭わなくなった。

筆者は元残留兵たちを非難するつもりはない。TAKE工作に従事した日本人工作員にはお金も支払われたし、命を落としたときは弔慰金も支払われた。「参謀団」にも「外籍教官団」にも「日本人義勇軍」にも給料も出たし、弔慰金もでた。だから、経済的補償を求めても何も悪いとは思わない。

しかし、少なくとも最初の段階では、祖国再生とアジアの大義を信じていたものも多かったはずだ。だから、この点で司令官や上官と志を同じくしていたので「特務団」に志願した、と認める人がもっといてもよかったのではないだろうか。

城野が説いた「祖国復興の正道」

このような情況になってくると城野のある記述が思い出される。山西省で日本軍の政治顧問をしていた城野が、終戦の年の九月に「特務団」の志願者を募ったとき兵士に配ったパンフレット「日本人の立場」は、次のように祖国復興の正道を説いていた。

日本は連合軍に占領され主権を喪失し、被支配国家となった。その辿る道には三つの可能性がある。一つはアメリカ化の道である。米軍占領下に、政治的に骨抜きにされ、経済的に命脈を握られ、文化的に植民地化され、第二のハワイと化していく可能性がある。二つにはソ連化の道である。戦後の混乱と疲弊の中から、民衆の左傾化が進み、社会主義人民共和国となっていく可能性もある。三つには、日本独立の道である。主権を恢復し、再び繁栄した強国として世界の舞台に登場することである。我々の反対するのは前二者であり、もっともこい願うものは後一者である。そして日本が速やかに独立を恢復し、祖国の復興を成しとげるためには占領軍の急速な撤退をはかるとともに、主要な経済復興資源を日本自身の手に掌握し、独立経済の建設をはからなければならぬ。これが祖国復興の正道である。(159)

残留兵の少なくとも四〇パーセントは、この「日本人の立場」を受け入れたからこそ、「特務団」に入り共産党軍と戦ったのではないだろうか。ただし、「特務団」の解散以降は、上官の強制で、そして行きがかり上、仕方なく戦ったといえるのかもしれない。

これと似た問題はシベリア抑留者のケースにも認められる。抑留者の中には、義勇兵として兵隊の真似事をしたりして抑留されたものも多かった。だが、このようなシベリア抑留者には、国家による補償はなにもなかった。

二〇一〇年六月一六日にようやく「戦後強制抑留者に係る問題に関する特別措置法（シベリア特措法）」が国会を通り、独立行政法人「平和祈念事業特別基金」を通じて、小額の特別給付金が元抑留者に交付されることになったが、二〇一〇年六月一六日時点の生存者に限られたため、受け取った元抑留者の数はごく限られていた。

筆者の父もシベリア抑留者だったが、法律が通ったときはこの世にいなかった。父は国による補償がなされなかったことを不満に思わなかったわけではないが、一方では、このようなことは敗戦国の国民として受け止めなければならないことだ、と自分を納得させてもいた。

日ソ国交回復で自立自衛が遠のいていった

「海外同胞引揚及び遺家族援護に関する調査特別委員会」のあとの五六年一二月二三日、鳩山は日ソ国交回復を花道に引退した。仮想敵国ナンバーワンとこの条約を結んだ以上は、その実をあげることにつとめなければならず、相手を刺激する軍備増強などできない雰囲気になった。服部、辻、児玉などの期待を背負って政権の座についた鳩山は、政権についている間にみごとに一八〇度転換して、反対の方向に進んでしまった。

自衛隊は、服部の計画した三〇個師団四五万人の国防軍建設第三期までは進んでいかなかった。今日にいたるまで、自衛隊はこの第二段階（師団と人員の規模では、第一期と第二期の中間）で止まっている。

現在の自衛隊は約二四万人であるが、アメリカ軍の補助的戦力にすぎず、単独でロシアや中国の侵攻に対処できる兵力ではない。自衛隊とはいうが、自立的に自衛はできないのだ。

アメリカ軍の基地は、多くのものが本土から沖縄へ移っていったが、日本の領土内に存続しつづけた。日本は独立国ではあるが、アメリカの基地があり、アメリカ軍が駐留しつづけることになった。そして、この基地は、普天間基地移設の問題で鳩山の孫である由紀夫が総理大臣の座を失ったように、日本側の意向だけでは動かせないものになっていった。

自衛隊を最終段階の四五万人まで増強して、自立自衛を目指すことも難しくなった。それなのに、アメリカから戦闘機や哨戒機など巨額の防衛調達だけはせっせとやって防衛装備は立派になった。

二〇万人前後で落ち着いて時間がたっていくと、それを変えることは次第に難しくなってきた。国防の面でも戦後体制が固まってしまって、方向転換とか変化が起こりにくくなってしまった。

どうやら、日本は城野のいう「米軍占領下に、政治的に骨抜きにされ、経済的に命脈を握られ、文化的に植民地化され、第二のハワイと化していく可能性」のほうにきてしまったようだ。そして、特に所得倍増を唱えた池田勇人政権以降は、「再び繁栄した強国として世界の舞台に登場する」ことにかまけて、同じくらい大切な「主権を恢復」することに執着しなくなっていった。戦後めざましい経済発展の過程で、日本人は「主権の恢復」をどこかに置き忘れてきてしまった。

エピローグ——未完の自立自衛

鳩山のあと、憲法改正と自立自衛とアメリカ軍基地の撤去、という自民党の党是を達成し、日本の主権を取り戻そうと努力したのは、児玉と一緒に巣鴨プリズンをでた岸信介だった。緒方は急死し、重光は脱落し、鳩山が引退したので、もはや岸しかいなかった。

岸は、五七年に総理大臣になったあと、自民党の党是を実現する前段階として安全保障条約改定に取り組んだ。だが、保守合同のあと少数派閥が乱立する自民党をまとめるのは容易なことではなかった。総裁になるために、そして、そのあと指導力を発揮するために、巨額の資金が必要になった。

岸は鳩山のように、児玉に資金を求めなかった。自由党設立、吉田政権打倒、保守合同のときに、児玉のやることを見ていたので、その気になれなかったのだろう。

皮肉なことに、岸はアメリカの航空機産業とＣＩＡに政治資金を求めた。つまり、自立自衛とアメリカ軍基地の撤去という政策課題を達成するために、アメリカから資金提供を受けたのだ。

六〇年代にＣＩＡ秘密資金が自由民主党の有力政治家に渡っていたことは、二〇〇七年に公開した外交文書集『アメリカの外交：一九六四―一九六八年』（第二九巻）の「日本」の「編集ノート」で明らかになった。(160)アメリカの航空機産業から岸に流れた資金については、拙著『児玉誉士夫 巨魁の昭和史』に譲る。

自民党の総裁の椅子に座り続け、国運に関わる政治課題において指導力を発揮するため、岸に選択の余地はなかった。緒方も日本の再軍備に必要なインテリジェンス機関を復活させるとき、やむを得ずＣＩＡに資金援助を求めた。

思えば、河辺、有末、服部など宇垣機関の旧日本軍の高級将校たちも、祖国の軍事力の再建の努力をする過程でＧ－２から資金援助を受けた。日本の戦後体制にはこのような多くのねじれや矛盾が付きまとった。

さらに皮肉なのは、そのような岸を痛烈に批判し、五七年のロッキード・グラマン疑惑で追及した児玉さえも、岸と同じようにアメリカの航空機産業とＣＩＡに絡み取られたことだ。

児玉は五八年にロッキード社の秘密代理人になっている。このロッキード社は、のちにCIAと関係があることがわかった。鳩山の背信に向けた非難を、児玉は自らの身に受けなければならなくなった。事実、彼は七六年のロッキード社からのエアバス導入に絡んだロッキード事件で、田中角栄元総理大臣とともに破滅する。

自衛隊は自立できなかった。アメリカ軍の基地はいまだに多数存在し、特に沖縄の基地などはその戦略上の重要性から、日本政府さえ口出しはできない。ソ連との北方領土問題も今にいたるまで解決されていない。いまや、主権という観念すら希薄になってきている。

アメリカの占領下にありながら、アジア人のためのアジア、そしてアメリカでもソ連でもない第三極を実現する夢を追い続けた旧日本軍人たち、自立自衛からは程遠い日本の状況を見れば、彼らはドンキホーテともアナクロニストとも呼べよう。だが、主権を喪失し、他国のエゴイズムに振り回され、それがまた政治的混沌を招いている日本の現状を見ると、なぜかしら、彼らがまぶしく光り輝いて見えてくるのだ。

あとがき

本書を書きながら何度か思った。岡村寧次や辻政信や服部卓四郎が今生きていたなら、現在の日本の状況をどう思ったかと。

彼らは日本が戦争に敗れ、軍事力を失ったあと、どのようにして日本を守っていくのかを考えた。その答えが、本書に書いてあるような彼らの行動だった。

仮想敵国は、勢力を拡大している共産主義国ソ連と中国だった。今日のように、中国がソ連やアメリカと対抗できる第三の勢力になるとは思いもしなかっただろう。それも、今の中国は、ソ連とは袂《たもと》を分かち、共産主義国とすら呼べない国だ。それが、一九世紀的な領土的野心を抱き、日本の大きな脅威となっている。

それに備えるべく、防衛体制を強化しなければならないのだが、憲法改正がままならないため、憲法解釈の変更による集団的自衛権の行使容認という変則的方法を採らなければならなかった。今日の状況では、服部が計画した約五〇万人の国防軍をもってしても日本単独で防衛できそうにない。今は、アメリカ軍の撤退を願うのではなく、むしろ関与を続けることを求めなければならない。

辻には中国に潜行してインテリジェンス工作をしてもらい、岡村には旧知の中国人に働きかけてもらい、服部には国防計画を策定してもらいたいものだが、彼らはもういない。これからの日本は、相当な意識的努力をして、彼らのような人物を育てなければならない。

本書は『新潮45』二〇一二年九月号に掲載された「日本軍『敗将』たちの終わらざる戦い」がベースになっている。これも二〇一〇年に発表した『大本営参謀は戦後何と戦ったのか』を踏まえて書かれている。本書と併せて読んでいただければ理解が深まるのではないかと考える。

今回もいろいろな方々のお世話になった。『新潮45』に前述記事を書く機会を与えてくださった編集長の三重博一氏、なかなか執筆が進まない筆者を忍耐強く見守ってくださった新潮新書編集長の後藤裕二氏、勘違いや日本語の乱れを正していただいた校正の方々に感謝申し上げる。

本書を、日本の戦後復興のために力を尽くした無名戦士たちに捧げる。

平成二六年四月　七ツ森の自宅にて

筆者

注釈（ここでは簡単な書名のみ記す。詳しい書名は巻末の参考・引用文献に譲る。書名の下は頁数）

第一章

（1）『私のあしあと』196-197
（2）『私のあしあと』204
（3）「日本軍の山西残留事件の全貌を語る」『インタビューリスト：山下正男氏』（第五回）
（4）『私のあしあと』211
（5）『山西独立戦記』32-33
（6）『山西独立戦記』85
（7）「日本軍の山西残留事件の全貌を語る」（第八回）
（8）「日本軍の山西残留事件の全貌を語る」（第一〇回）
（9）『偕行』七五年九月号
（10）「山西軍参加者の行動の概況について」厚生省引揚援護局未帰還調査部、五六年一二月三日
（11）張宏波「日本軍の山西残留に見る戦後初期中日関係の形成」、『一橋論叢』、一橋大学機関リポジトリ
（12）四九年一〇月三一日付CIC報告書（CIA文書「児玉ファイル」以下CIA文書はファイル名のみ示す）
（13）『私のあしあと』214-215
（14）『岡村寧次大将資料（上）戦場回想篇』123-126,195-200：『「白団」物語』第一回「白団派遣の背景」二〇〇四年四月号
（15）占領軍（SCAP）文書、四九年二月四日付G－2報告書「岡村寧次将軍とのインタヴュー」

第二章

(16)『潜行三千里』28
(17) 四五年一一月八日付R・オハラ大尉、ウィリアム・トンプキンズ文書
(18)『石原莞爾資料　国防論策篇』287-292,507-508
(19)『亜細亜の共感』54
(20)『岡村寧次大将資料(上)戦場回想篇』77,134-135　特に岡村の四六年八月二九日付日記に土居と辻が「留用中」であるとでてくる。五六年一二月二六日付でCIAが作成した辰巳の略歴(「辰巳ファイル」の中にある)にも同じ内容の記述がある。
(21)『岡村寧次大将資料(上)戦場回想篇』77
(22) 五二年三月二六日付CIC報告書「辰巳ファイル」
(23)『服部卓四郎と辻政信』231
(24)『岡村寧次大将資料(上)戦場回想篇』178
(25) 五二年三月二六日付CIC報告書「辰巳ファイル」:楊子震「中國駐日代表團之研究」62
(26)『潜行三千里』223-224

第三章

(27)『宇垣一成日記3』1647-1648
(28)「新日本建設の要諦」『宇垣一成関連文書』
(29)『宇垣一成日記3』1664
(30) 五〇年一〇月一八日付CIC報告書「有末ファイル」

(31)五一年五月一一日付CIC文書「日本のインテリジェンス機関」「服部ファイル」
(32)五九年九月一五日付CIA作成「有末個人調書」「有末ファイル」
(33)「国是国策に関する私案再検討」『宇垣一成関連文書』
(34)「義勇新軍建設要綱」『宇垣一成関連文書』
(35)『日本再軍備への道』137
(36)四九年一〇月二五日付CIC報告書「河辺ファイル」
(37)四九年九月一五日付CIC報告書「有末ファイル」
(38)五一年五月一一日付CIC報告書「服部ファイル」
(39)四五年五月二〇日付CIC報告書「有末ファイル」
(40)四九年五月一〇日付CIC報告書「有末ファイル」
(41)五二年一月二三日付CIC報告書「服部ファイル」
(42)『CIA秘録(上)』172-174

第四章

(43)『われかく戦えり』165
(44)『悪政・銃声・乱世』170
(45)四五年八月一六日付「大西瀧治郎死亡診断書」「児玉個人調書」「連合国最高司令官総司令部民政局文書」
(46)『われかく戦えり』167-169
(47)以下児玉についての記述の詳細は、有馬哲夫『児玉誉士夫 巨魁の昭和史』第三章「巣鴨プリズンでの証言」に譲る。

(48)大森実『戦後秘史1　崩壊の歯車』に収録された大森の児玉に対するインタヴューに拠る。
(49)『児玉誉士夫 巨魁の昭和史』43-48
(50)五三年七月二日付CIC報告書「辰巳ファイル」
(51)松尾尊兊『本倉』93
(52)四六年一月一九日付国際検察局尋問調書「児玉誉士夫」
(53)四八年一〇月一九日付フランク・オニール作成「児玉に関する中国での調査」占領軍法務部文書
(54)「児玉誉士夫は何をしている」『真相』四九年一〇月一日号
(55)四九年一〇月（日の記述はない）CIC報告書「児玉ファイル」
(56)五〇年三月一一日付『新夕刊』なお、同紙は五〇年三月一〇日から五二年七月一〇日まで『日本夕刊』に改題されている。この新聞は戦前の右翼系『やまと新聞』の後継紙で、この当時の事実上のオーナーは児玉なので、記事の情報源は児玉自身であり、従ってこの件についての情報は最も詳しい。詳しくない、または、誤っている部分は、児玉が知られたくなかったことについて述べている部分だ。
(57)「海烈号事件の背後を洗う」『真相』五〇年一月一日号
(58)五〇年三月一一日『新夕刊』
(59)四九年一二月八日付CIC報告書「児玉ファイル」
(60)『戦略将軍　根本博』190-191
(61)五〇年三月一七日付『新夕刊』

第五章

(62)「日本軍の山西残留事件の全貌を語る」（第一六、一七回）

(63)「海烈号事件の背後を洗う」『真相』五〇年一月一日号
(64)「海烈号事件の背後を洗う」
(65)楊子震「中國駐日代表團之研究」『國史館館刊』第一九期、二〇〇九年三月
(66)「海烈号事件の背後を洗う」
(67)「海烈号事件の背後を洗う」
(68)四九年九月四日付CIC報告書「児玉ファイル」
(69)五〇年三月一一日付『新夕刊』
(70)「海烈号事件の背後を洗う」
(71)「海烈号事件の背後を洗う」
(72)「海烈号事件の背後を洗う」
(73)四九年一〇月三一日付CIC報告書「児玉ファイル」
(74)『この命、義に捧ぐ』98-102
(75)この船名と表記は『新夕刊』による。小松は「捷真丸」大森は「捷進号」としている。
(76)『この命、義に捧ぐ』98-102
(77)『戦略将軍　根本博』197-198
(78)『「白団」物語』第一回「白団派遣の背景」二〇〇四年一〇月号
(79)『「白団」物語』第六回「曹士澂将軍大いに語る」二〇〇五年三月号
(80)『「白団」物語』第一回「白団派遣の背景」二〇〇四年一〇月号
(81)『「白団」物語』第六回「曹士澂将軍大いに語る」二〇〇五年三月号
(82)『白団』34

（83）『白団』35
（84）五〇年三月一一日付『新夕刊』
（85）『台湾義勇軍事件の眞相と私の立場』6
（86）『台湾義勇軍事件の眞相と私の立場』14-15
（87）『台湾義勇軍事件の眞相と私の立場』11-12
（88）五〇年一〇月一五日付ＣＩＣ報告書「有末ファイル」など複数ある
（89）『私のあしあと』227
（90）「海烈号事件の背後を洗う」、「台湾義勇軍募兵の陰謀」『真相』五〇年一月一日号、一〇月一五日号
（91）「台湾に上陸した日本人義勇軍」、「海烈号事件の背後を洗う」『真相』四九年一一月一日号、五〇年一月一日号
（92）五二年一月一二日付ＣＩＣ報告書「服部ファイル」
（93）『白団』38
（94）四九年一一月一七日付ＣＩＣ報告書「児玉ファイル」
（95）『白団』13
（96）『「白団」物語』第六回「曹士澂将軍大いに語る」二〇〇五年三月号
（97）『「白団」物語』第四回「17人組の『瞞点過海』台湾行」二〇〇五年一月号
（98）「蔣介石をすくった日本人将校団」『文藝春秋』七一年八月号
（99）五〇年一一月一三日付ＣＩＣ報告書「有末ファイル」
（100）五〇年九月一三日付ＣＩＣ報告書「辻ファイル」など複数。
（101）『占領軍の犯罪』235-237
（102）五三年一〇月七日付ＣＩＣ報告書「児玉ファイル」

（103）四九年一二月八日付ＣＩＣ報告書「児玉ファイル」
（104）『ＣＩＡ秘録（上）』173
（105）四九年一一月一〇日付ＣＩＣ報告書「河辺ファイル」

第六章

（106）Edward M. Almond, Letter of Instruction, August 3, 1950, Papers of MGEN Courtney Whitney.
（107）五〇年三月「編成大綱」『原四郎四四期資料日本再建再軍備方策の研究資料綴１』
（108）詳しくは『大本営参謀は戦後何と戦ったのか』117-124に譲る。
（109）五〇年八月七日付ＣＩＣ報告書「有末ファイル」
（110）『ＣＩＡ秘録（上）』173
（111）五〇年九月一四日付ＣＩＣ報告書「有末ファイル」
（112）五〇年八月七日付ＣＩＣ報告書「有末ファイル」
（113）「アメリカ極東軍司令部電報綴一九四九―一九五三」ダグラス・マッカーサー記念アーカイヴズ新公開資料
（114）五〇年八月七日付ＣＩＣ報告書「有末ファイル」
（115）五〇年八月七日付ＣＩＣ報告書「有末ファイル」
（116）五〇年一一月一三日付ＣＩＣ報告書「有末ファイル」
（117）五五年二月九日付『夕刊岡山』
（118）五〇年一一月一三日付ＣＩＣ報告書「有末ファイル」
（119）五一年五月一一日付ＣＩＣ報告書「日本のインテリジェンス機関」「服部ファイル」

第七章

(120) 五二年一月三日付CIC報告書「服部ファイル」

(121) 五一年一〇月一二日付CIC報告書「服部ファイル」

(122) 五一年一〇月一六日付CIC報告書「服部ファイル」

(123) 詳しくは『児玉誉士夫 巨魁の昭和史』の第五章「CIAスパイ説の真相」

(124) 『CIA秘録(上)』96-97

(125) 五一年三月二四日付「マッカーサー声明」『ニューヨーク・タイムズ』

(126) 『トルーマン回顧録』205

(127) 『トルーマン回顧録』210

(128) 五二年四月一三日付CIC報告書「服部ファイル」

(129) 詳しくは『大本営参謀は戦後何と戦ったのか』156-159に譲る。

(130) 五一年一〇月一九日付CIC報告書「服部ファイル」

(131) 五一年一〇月一六日付CIC報告書「辰巳ファイル」

(132) 五一年一一月六日付CIC報告書「辰巳ファイル」

(133) 五二年一〇月二四日付CIC報告書「辰巳ファイル」

(134) 『ザ・コールデスト・ウインター 朝鮮戦争(下)』380-383

(135) 五一年七月二二日付ウィロビー—リッジウェー書簡「マシュー・リッジウェー文書」

(136) たとえば、五一年一二月一三日付ジェイムズ・B・カークパトリック副課長(所属は不明)—G-2副参謀長「服部機関にチャールズ・ウィロビー准将が援助を与えたという服部の主張について」という文書が「服部ファイル」

にある。この報告書には、服部機関にウィロビーが援助を与えたこと、また「国防軍」の幹部候補生の名簿の作成を命じたのはウィロビーだったと服部が主張していることなどが記述されている。全体として、ウィロビーの服部に対する処遇が破格だったことを非難する文脈で事実関係が調査され、報告されている。

(137) 五二年一月二八日付CIC報告書「日本の再軍備と旧日本軍将校の動き」「服部ファイル」

(138) 五一年一月一五日「媾和会議に於ける軍事問題に関する考察」『原四郎四四期資料日本再建再軍備方策の研究資料綴1』

(139) 五一年六月一三日「国防国策」『原四郎四四期資料日本再建再軍備方策の研究資料綴1』

(140) 五二年一月一六日付CIC報告書「河辺インテリジェンス機関の解体」「河辺ファイル」

第八章

(141) 五三年一一月一八日付CIC報告書「和知（鷹二）ファイル」

(142) 五二年二月二七日付CIC報告書「河辺ファイル」

(143) 五二年二月二七日付CIC報告書「辰巳ファイル」

(144) 五一年九月（日付はない）CIC報告書「服部ファイル」

(145) 五二年二月二八日付読売新聞朝刊「生きかえる参謀本部」

(146) 五二年四月四日付CIC報告書「辰巳ファイル」

(147) 五二年九月一九日付CIC報告書「辰巳ファイル」

(148) 五三年三月一九日付CIA報告書「緒方竹虎ファイル」

(149) 五三年七月一日付「中国兵士のビルマ脱出にCIAが資金を与える件」心理戦委員会文書

(150) 『CIA秘録（上）』96-97

(151) 五三年一二月一〇日付CIC報告書「服部ファイル」
(152) 五三年九月一八日付CIA報告書「児玉ファイル」
(153) 五四年四月一日の衆議院行政監察特別委員会の議事録
(154) 五四年二月一日の衆議院行政監察特別委員会の議事録
(155) 五五年一月二二日第二一回衆議院・参議院の本会議議事録
(156) 五五年七月九日付CIA報告書「児玉ファイル」
(157) 五五年七月二八日付CIA報告書「児玉ファイル」
(158) 五六年一二月三日「海外同胞引揚及び遺家族援護に関する調査特別委員会」議事録
(159) 『山西独立戦記』63

エピローグ

(160) Office of Historian, Foreign Relations of the United States, 1964-1968, vol. XXIX, part2 Japan, http://history.state.gov/historicaldocuments/frus1964-68v29p2/d1

参考・引用文献

第一次資料

国立国会図書館憲政資料室

宇垣一成関係文書

野村吉三郎関係文書

靖国偕行社文庫

原四郎四四期資料日本再建再軍備方策の研究資料綴1、復員庁・史実調査部服部グループ

防衛研究所

大久保俊次郎、「対露暗号解読に関する創始並びに戦訓等に関する資料」、防衛研究所

アメリカ国立第二公文書館

RG 59,1462, Records Relating to the Psychological Strategy Board Working Files 1951-53, National Archives II(College Park, MD). 以下同じ公文書館から

RG 59, 1462, Records Relating to the Psychological Strategy Board Working Files 1951-53.

RG 331, Supreme Commander for the Allied Powers, Legal Section, Administrative Division, Japanese POW Numerical File 1945-51, UD 1215

RG 331, Supreme Commander for the Allied Powers, Legal Section, Administrative Division, Japanese POW 201 File 1945-52, UD 1221

RG 331, Supreme Commander for the Allied Powers, Legal Section, Legislation and Justice Division, Miscellaneous File 1945-52, UD 1319

RG 331, Supreme Commander for the Allied Powers, Government Section, Central File Branch Miscellaneous Files 1945-51, UD 1381
RG 331, Supreme Commander for the Allied Powers, Government Section, Central File Branch Biographical File 1945-52, UD 1400
RG 263, Second Release of Name Files Under the Nazi War Crimes and Japanese Imperial Government Disclosure Acts, 1946-2003, ZZ-18, Kodama Yoshio. 以下は同じコレクションから。
RG 263, Second Release ZZ-18, Arisue Seizo.
RG 263, Second Release, ZZ-18, Hattori Takushiro.
RG 263, Second Release, ZZ-18, Kawabe Torashiro.
RG 263, Second Release, ZZ-18, Kodama Yoshio.
RG 263, Second Release, ZZ-18, Nomura Kichisaburo.
RG 263, Second Release, ZZ-18, Ogata Taketora.
RG 263, Second Release, ZZ-18, Shigemitsu Mamoru.
RG 263, Second Release, ZZ-18, Tatsumi Eiichi.
RG 263, Second Release, ZZ-18, Tsuji Masanobu.
RG 263, Second Release, ZZ-18, Wachi Takaji.
（ただし、このコレクションはさらに公開が進んでいて資料も増加するのでボックスの番号が変わる可能性がある。）
RG 263, First Release of Name Files Under the Nazi War Crimes and Japanese Imperial Government Disclosure Acts, 1923-1999, ZZ-16, Ishii Shiro.
RG 338, Sugamo Prison Records (1945-1952) Records of the U.S. Eighth Army, Records of U.S. Army Commands, 1942.

RG 554, FEC, SCAP, UNC, Assistant Chief of Staff, G2, Okamura, Reports of Interview and Interrogations, Japan 8025

スタンフォード大学ハーバート・フーヴァー研究所

Eugene Hofman Dooman Papers, Herbert Hoover Institute, Stanford University (Palo Alto, CA).

ダグラス・マッカーサー記念アーカイヴズ

Yoshio Kodama-Douglas MacArthur, July 20, 1950, Personal Correspondences from Japanese and Koreans,1941-51, A-Kz.

Edward M. Almond, Letter of Instruction, August 3, 1950, Papers of MGEN Courtney Whitney, Series I, Official Correspondence, box 4, RG16a., MacArthur Memorial Archives and Library (Norfork, VA)

ハーバート・フーヴァー大統領図書館

William Tompkins Papers, Herbert Hoover Presidential Library (West Branch, IA)

プリンストン大学シーリー・マッド図書館

Allen Dulles Papers, Seely G. Mudd Manuscript Library of Princeton University (Princeton, NJ)

アメリカ陸軍大学付属図書館

Mathew B. Ridgway Papers, Carlisle Barracks (PA).

ウェブサイト資料

オーラル・ヒストリー企画　インタビューリスト、山下正男氏、『日本軍の山西残留事件の全貌を語る』

http://ohproject.com/ivlist/03/01.html

University of Wisconsin Digital Collections

http://digicoll.library.wisc.edu/FRUS/FRUSHome.html

U. S. Department of State, Office of the Historian
https://history.state.gov/
University of Maryland Libraries, English-Language Materials in the Gordon W. Prange Collection
http://lib.guides.umd.edu/content.php?pid=223158&sid=1851840
Foreign Relations of the United States, 1964-1968, Volume XXIX, Part 2, Japan, Document 1
https://history. state. gov/historicaldocuments/frus1964-68v29p2

第二次資料

有末精三、『ザ・進駐軍』、芙蓉書房、一九八四年
有馬哲夫、『大本営参謀は戦後何と戦ったのか』、新潮新書、二〇一〇年
有馬哲夫、『ＣＩＡと戦後日本』、平凡社新書、二〇一〇年
有馬哲夫、『児玉誉士夫 巨魁の昭和史』、文春新書、二〇一三年
有馬哲夫、『日本テレビとＣＩＡ』、宝島文庫、二〇一一年
粟屋憲太郎、吉田裕編、『国際検察局（ＩＰＳ）尋問調書』、日本図書センター、一九九三年
池谷薫、『蟻の兵隊』、新潮社、二〇〇七年
石橋湛一・伊藤隆編、『石橋湛山日記（上・下）』、みすず書房、二〇〇一年
石原莞爾、『最終戦争論・戦争史大観』、中公文庫、一九九三年
伊藤隆・季武嘉也編、『鳩山一郎・薫日記（上・下）』、中央公論新社、一九九九年／二〇〇五年
井上清、『宇垣一成』、朝日新聞社、一九七五年
稲葉正夫編、『岡村寧次大将資料（上）戦場回想篇』、原書房、一九七〇年

参考・引用文献

猪俣浩三、『占領軍の犯罪』、図書出版社、一九七九年
今西英造、『昭和陸軍派閥抗争史』、伝統と現代社、一九八三年
C・A・ウィロビー、大井篤訳、『マッカーサー戦記』、朝日ソノラマ、一九八八年
C・A・ウィロビー、延禎監訳、『知られざる日本占領』、番町書房、一九七三年
宇垣一成、角田順校訂、『宇垣一成日記　3、4』、みすず書房、一九七一年
生出寿、『「政治家」辻政信の最後』、光人社、一九九〇年
大嶽秀夫、『再軍備とナショナリズム』、講談社学術文庫、二〇〇五年
大森実、『戦後秘史1　崩壊の歯車』、講談社、一九七五年
大森実、『戦後秘史7　謀略と冷戦の十字路』、講談社、一九七六年
大森実、『戦後秘史10　大宰相の虚像』、講談社、一九七六年
大森実、『激動の現代史五十年』、小学館、二〇〇四年
岡崎勝男、『戦後二十年の遍歴』、中公文庫、一九九九年
奥野修司、『ナツコ　沖縄密貿易の女王』、文春文庫、二〇〇七年
門田隆将、『この命、義に捧ぐ』、集英社、二〇一〇年
川口忠篤、『台湾義勇軍事件の眞相と私の立場』、勵志社本部、一九五〇年
河辺虎四郎、『市ヶ谷台から市ヶ谷台へ』、時事通信社、一九六二年
岸信介、矢次一夫、伊藤隆、『岸信介の回想』、文藝春秋、一九八一年
児玉誉士夫、『悪政・銃声・乱世』、廣済堂出版、一九七四年
児玉誉士夫、『風雲（上・中・下）』、日本及日本人社、一九七二年
児玉誉士夫、『われかく戦えり』、廣済堂出版、一九七五年

小松茂朗、『戦略将軍　根本博』、光人社、一九八七年
フランク・コワルスキー、勝山金次郎訳、『日本再軍備』、サイマル出版会、一九六九年
重光葵、『続重光葵手記』、中央公論社、一九八八年
柴山太、『日本再軍備への道』、ミネルヴァ書房、二〇一〇年
週刊新潮編集部、『マッカーサーの日本（上・下）』、新潮文庫、一九八三年
城野宏、『山西独立戦記』、雪華社、一九六七年
ハワード・B・ションバーガー、袖井林二郎訳、『ジャパニーズ・コネクション』、文藝春秋、一九九五年
澄田睞四郎、『私のあしあと』、私家版、一九八〇年
住本利男、『占領秘録』、中公文庫、一九八八年
袖井林二郎編訳、『吉田茂＝マッカーサー往復書簡集』、法政大学出版局、二〇〇〇年
高木凜、『沖縄独立を夢見た伝説の女傑照屋敏子』、小学館、二〇〇七年
竹前栄治、『GHQ』、岩波新書、一九八三年
竹前栄治、『日本占領』、中央公論社、一九八八年
竹前栄治、天川晃、『日本占領秘史（上）』、朝日新聞社、一九七七年
田中隆吉、『日本軍閥暗闘史』、中公文庫、一九八八年
田中隆吉、粟屋憲太郎他編、『東京裁判資料、田中隆吉尋問調書』、大月書店、一九九四年
田中隆吉、『裁かれる歴史』、長崎出版、一九八五年
高山信武、『服部卓四郎と辻正信』、芙蓉書房、一九八〇年
辻政信、『亜細亜の共感』、亜東書房、一九五〇年
辻政信、『潜行三千里』、毎日ワンズ、二〇一〇年

角田順編、『石原莞爾資料　国防論策篇』、原書房、一九六七年
中村祐悦、『白団』、芙蓉選書、二〇〇六年
野村忠、『追憶　野村吉三郎』、野村忠、一九六六年
秦郁彦、『史録　日本再軍備』、文藝春秋、一九七七年
秦郁彦、『昭和史の軍人たち』、文春文庫、一九八七年
秦郁彦、『昭和史の謎を追う（上・下）』、文春文庫、一九九九年
秦郁彦、袖井林二郎、『日本占領秘史（下）』、朝日新聞社、一九七七年
服部卓四郎、『大東亜戦争全史』、鱒書房、一九五六年
春名幹男、『秘密のファイル（上・下）』、新潮文庫、二〇〇三年
デイヴィッド・ハルバースタム、山田耕介・山田侑平訳、『ザ・コールデスト・ウインター　朝鮮戦争（上・下）』、文藝春秋、二〇〇九年
毎日新聞政治部編、『黒幕・児玉誉士夫』、エール出版社、一九七六年
増田弘、『自衛隊の誕生』、中公新書、二〇〇四年
松尾尊兊、『本倉』、みすず書房、一九八三年
D・マッカーサー、津島一夫訳、『マッカーサー大戦回顧録（上・下）』、中公文庫、二〇〇三年
三田和夫、『赤い広場―霞ヶ関―山本ワシントン調書』、20世紀社、一九五五年
御手洗辰雄、『三木武吉傳』、四季社、一九五八年
宮澤喜一、『戦後政治の証言』、読売新聞社、一九九一年
吉田茂記念事業財団編、『吉田茂書翰』、中央公論社、一九九四年
吉原公一郎、『謀略列島』、新日本出版社、一九七八年

米濱泰英、『日本軍「山西残留」』、オーラル・ヒストリー企画、二〇〇八年
読売新聞戦後史班編、『「再軍備」の軌跡』、読売新聞社、一九八一年
ティム・ワイナー、藤田博司・山田侑平・佐藤信行訳、『ＣＩＡ秘録（上・下）』、文藝春秋、二〇〇八年
渡辺武、大蔵省財政史室編、『渡辺武日記』、東洋経済新報社、一九八三年
渡邊行男、『宇垣一成』、中公新書、一九九三年
ed. Robert H. Farrell, *Off the Record: Private Papers of Harry S. Truman*, Harper & Row, 1980.
Halberstam, David, *The Coldest Winter*, Gale, 2008.
Hunt, Howard E, *Under-Cover. Memoirs of an American Secret Agent*, Berkley Publishing Corporation, 1974.
Mercado, Stephen, "A Contrary Japanese Army Intelligence Officer", *Studies in Intelligence*, CIA, 1997
Roberts, John G, and Glenn Davis, *An Occupation without Troops*, Yenbooks, 1996.
Schonberger, Howard B, *Aftermath of War*, The Kent State University Press, 1989.
Weiner, Tim, *Legacy of Ashes: The History of the CIA*, Doubleday, 2007.
Willoughby, Charles A., and John Chamberlain, *MacArthur 1941-1951*, McGraw-Hill, 1954.

新聞・雑誌記事、国会議事録、研究発表など

ヨミダス歴史館、一九五二年一一月二二日付「強力な情報機関設置」など
国会会議録、一九五二年一二月八日衆議院予算委員会議事録など
朝日新聞、一九五三年一月二八日付コラムなど
共同通信社、二〇〇六年八月二〇日、「幻の新日本軍計画　旧軍幹部　首相に提案」
時事通信社、二〇〇七年二月二六日、「服部卓四郎ら　吉田茂暗殺・クーデターを計画」

人民社、『真相』一九五〇年一〇月一五日、「台湾義勇軍募兵の陰謀」など
張宏波、「日本軍の山西残留に見る戦後初期中日関係の形成」、『一橋論叢』第七七八号二〇〇五年八月一日、一橋大学機関リポジトリ
楊子震、「中國駐日代表團之研究」、『國史館館刊』第一九期、二〇〇九年三月
共同・USFL、二〇〇六年八月二九日、「GHQ資金で反共工作」

有馬哲夫　1953（昭和28）年生まれ。早稲田大学第一文学部卒業。東北大学大学院文学研究科博士課程単位取得。早稲田大学社会科学部・大学院社会科学研究科教授。著書に『原発・正力・ＣＩＡ』等。

Ⓢ新潮新書

573

1949年《ねん》の大東《だいとう》亜《あ》共栄圏《きょうえいけん》

自主防衛《じしゅぼうえい》への終《お》わらざる戦《たたか》い

著　者　有馬哲夫《ありまてつお》

2014年６月20日　発行

発行者　佐　藤　隆　信

発行所　株式会社新潮社

〒162-8711　東京都新宿区矢来町71番地
編集部(03)3266-5430　読者係(03)3266-5111
http://www.shinchosha.co.jp

印刷所　二光印刷株式会社

製本所　株式会社大進堂

ISBN978-4-10-610573-9　C0221

価格はカバーに表示してあります。

新潮新書

249
原発・正力・CIA
機密文書で読む昭和裏面史
有馬哲夫

日本で反米・反核世論が盛り上がる一九五〇年代。CIAは正力松太郎・讀賣新聞社主と共に情報戦を展開する。巨大メディアを巻き込んだ情報戦の全貌が明らかに！

400
大本営参謀は戦後何と戦ったのか
有馬哲夫

国防軍創設、吉田茂暗殺、対中ソ工作……。大本営参謀たちは戦後すぐに情報・工作の私的機関を設立し、インテリジェンス戦争に乗り出した。驚愕の昭和裏面史。

125
あの戦争は何だったのか
大人のための歴史教科書
保阪正康

戦後六十年の間、太平洋戦争は様々に語られてきた。だが、本当に全体像を明確に捉えたものがあったといえるだろうか——。戦争のことを知らなければ、本当の平和は語れない。

476
防衛省
能勢伸之

日本軍と警察予備隊、保安隊、自衛隊の関係は？ 防衛庁と防衛省はどこが違う？ 自衛隊の実力は？ 予算四兆円超、二十三万人を抱える巨大組織を徹底解剖する。

558
日本人のための「集団的自衛権」入門
石破茂

その成り立ちやリスク、メリット等、基礎知識を平易に解説した上で、「日本が戦争に巻き込まれる危険が増す」といった誤解、俗説の問題点を冷静かつ徹底的に検討した渾身の一冊。